続『現代林業』法律相談室

JN035334

北尾哲郎 著
Tetsuro Kitao

林業改良普及双書 No.193

＊本書は、月刊『現代林業』に掲載している北尾哲郎弁護士による「法律相談室」をいくつかの分野に分けて1冊にまとめたものです。

目次

境界問題

共有林

不法投棄

土地所有トラブル

損害賠償と損失補償

売買契約ほか

その他の制度、手続き等

Q 四囲が他人の山で囲まれていますが、隣接する山林所有者と折り合いが悪くて木材が搬出できません。どうしたらよいでしょうか。

自分が育ててきた60年生のスギ林が伐期を迎えました。伐採木を搬出するには隣接するBさんの山林を通らなければなりません。私とBさんの家は、先代からトラブルを抱えており、折り合いがよくありません。そのためBさんは、何かにつけて私の要望に対しては承知しないという態度を変えません。

当地方は、地形や所有規模の関係から、地権者の同意が得られなければ作業道の開設、通行ができないケースが多い土地柄です。このような事情ですが、Bさんの山林を合法的に通行できる方法はないものでしょうか。

A　最終的には訴訟で「袋地通行権」を認めてもらうほかないでしょう。

はじめに

あなたがご自身のスギ林から伐採木を搬出なさるためにBさんの山林を通行する方法としては、賃貸借・使用貸借など契約による通行権、通行地役権、袋地所有者の通行権の3種類の通行権が考えられますので、順次ご説明しましょう。

賃貸借・使用貸借など契約による通行権

あなたとBさんが話し合って、Bさんの土地の一部をあなたが通行することができるという約束が成立すれば、契約による通行権が発生します。通行させてもらう対価を支払う場合を賃貸借、無償の場合を使用貸借と呼んでいます。

しかし、ご相談のような両家の間柄では、おそらくBさんと話し合いで約束を取り付けることはできないでしょう。

通行地役権《ちえきけん》

通行地役権は、Ｂさんの土地を、あなたの土地への通行のために使用する権利です。

通行地役権は、あなたとＢさんの契約によって発生する権利ですから、Ｂさんにあなたの要望に応じる意思がない本件のような場合には、あなたがＢさんの土地に通行地役権を取得する可能性はないと思われます。

袋地所有者の通行権

Q 袋地所有者の通行権とは、どのようなものですか。

A 他人名義の土地に囲まれて公道に通じない土地を袋地と言います。袋地所有権者が袋地を囲んでいる他の土地を通行する権利を袋地所有者の通行権または（民法）２１０条通行権と言います。なお、インターネットや文献等で袋地所有者の通行権のことを調べると、囲《い》繞《にょう》地《ち》通行権と呼ぶものがありますが、これは平成16年の改正前の民法２１０条が袋地を囲んでいる土地を囲繞地と言っていた名残です。

袋地は、他の土地を通行することなしには利用することが不可能な土地であり、そのまま放置するとあまりにも不経済ですので、法律によって認められた通行権です。したがって、当事者間で契約が成立しなくても、権利として発生することになります。

Q 袋地所有者の通行権には制限がありますか。

A 民法211条1項により、袋地所有者の通行権は、通行権者に必要な限りで他の土地のために損害が最も少ない通行の場所と方法を選ばなければなりません。また、同条2項により、袋地所有者は、必要がある時は、道路を開設することができます。

Q 袋地所有者は、無償で通行することができるのですか。

A 他の土地の所有者に損害があれば、袋地所有者は、償金を支払わなければなりません。ただし、袋地が土地の分割によって生じた場合や、土地の譲渡によって生じた場合には、償金を支払う必要がありません。

Q どのような方法で袋地所有者の通行権を主張すればよいですか。

A 袋地所有者の通行権は、袋地を所有している者が法律上当然に有する権利ですから、通行することと自体についてBさんが拒否することはできません。しかし、Bさんに無断で通行を開始するわけにはいきませんから、まず話し合いを求め、袋地所有者の通行権について説明するとともに、Bさんに最も損害の少ない通行の場所や方法、償金額を決めるのがよいでしょう。

Bさんが、全く話し合いに応じなかったり、話し合いに応じたものの条件が決まらず、あなたが通行することができない場合には、致し方がありませんので、袋地所有者の通行権を主張して裁判を起こし、判決によって通行の場所、方法及び償金額を決めてもらうほかありません。

Q もし、公道から私の山林に入ることができる道が私の土地内にあるが、その道がとても狭くて伐木を搬出することができないという場合にも、袋地所有者の通行権を主張することができますか。

A 通路はあるものの、それがあまりに狭くて袋地を利用するには適当でない場合であっても、公道に通じる通路がある以上、袋地とは言えず、袋地所有者の通行権は生じないという考え方もできるでしょう。

しかし、民法が袋地所有者の通行権を定めたのは、袋地について十分な土地利用を計るためです。袋地の用法、形状、地域性、取締法規などの諸事情を考慮すると、その土地に相応した利用をするためにはなお不十分な通路しかない場合には、袋地であるとして袋地所有者の通行権を認めるべきだと考えます。山林は伐木を搬出することが必要不可欠であり、それが山林に相応した利用方法です。ところが、伐木を搬出するには狭すぎる通路しかない場合には、袋地所有者の通行権を認めるのが常識に合致するでしょう。

昭和13年6月7日の大審院判例は、山林から産出する石材を搬出するに当たり、迂回路はあるものの、石材搬出には適切でなかった事案について、山林の所有者に対し、距離が短く傾斜も緩やかで石材搬出に最も便利な他の土地について通行権を認めました。

Q 伐木を搬出する時には自動車を使う必要があるのですが、私の土地には自動車の通行に適した通路がありません。このような場合にも、袋地所有者の通行権に基づいてBさんの土地を通行することはできますか。

A 現代社会においては、自動車による通行を必要とすべき状況が多く見受けられる反面、自動車による通行を認めると、一般に、通路として使用するためより多くの土地を割く必要がある上、自動車事故が発生する危険性が生ずることなども否定することができません。最高裁判所は、平成18年3月16日の判決で、「自動車による通行を前提とする210条通行権の成否及びその具体的内容は、他の土地について自動車による通行を認める必要性、周辺の土地の状況、自動車による通行を前提とする210条通行権が認められることにより他の土地の所有者が被る不利益等の諸事情を総合考慮して判断すべきである」と述べました。Bさんの土地を車で通行するという通行権が認められるかは、ケースバイケースと言わざるを得ません。最高裁判所の判決を参考にしながら対応してください。

Q 山林の境界線についてのトラブルを解決する手段として、ADR（裁判外紛争処理）というものがあると聞いたのですが、これはどのようなものなのでしょうか。

森林組合で参事をしていますが、在村の組合員AとBとの間で山林の境界問題が発生し、相談を受けています。40年も前からAが植林してきたところが、実はBの山林だということで両者で言い争いになり、解決の糸口が見出せません。AもBも高齢でそれぞれ子どもたちが村外に出て後継者がいないため、訴訟を起こしてまで解決を図ることも難しいと思われます。そんな時にADRという聞き慣れない手法があると耳にしたのですが、これはどのようなものなのでしょうか。このようなケースに活用できる手法なのでしょうか。

A ADRそのものについては、後の解説を参照してください。あなたから、ADRを利用するメリットを双方に説明なさったらどうでしょうか。

ADRとは

ADRとは、「Alternative Dispute Resolution」の略で、「裁判外紛争解決制度」と呼ばれ、裁判所以外の中立的な第三者が紛争解決を図る制度です。ADR機関の例としては、労働委員会や交通事故紛争処理センターが挙げられます（「紛争予防と解決法」の項232頁も参照）。

この制度は以前から存在していましたが、その意義や役割が浸透しておらず、十分に活用されていませんでした。ところが、近年、国民の紛争解決に対する要請が多様となり、裁判による解決だけでなく、事案の性格や当事者の実情に応じた解決方法の整備が求められ、ADRが見直されるようになりました。そして、平成16年12月に「裁判外紛争解決手続の利用の促進に関する法律」が制定され、ADRの拡充に向けて利便性の向上が図られています。

ご相談の事例のような境界問題については、どのようなADR機関であってもよいというわけにはいかないでしょう。どうしても山林境界の確定についてある程度の専門知識を持っている調停人が関与することが望まれます。そのような機関としては、各地の土地家屋調査士会が運営する「境界問題相談センター」とか、弁護士会に設置された仲裁センターというADR機関があります。そのような機関では、土地・境界の専門家である土地家屋調査士や弁護士が、公平・中立な立場の「調停人」として、境界に関わる紛争を当事者間の話し合いで解決できるように手助けします。

ADR機関を利用する場合のメリット、デメリット

では、ADR機関を利用すると、裁判手続きを利用する場合に比べて、どのようなメリット、デメリットがあるのでしょうか。この点を次にご説明したいと思います。

(1)メリット

①専門性

裁判手続きの場合、最終判断である判決は、法律の専門家である裁判官によって下されます。これに対して、ADR機関を利用した場合には、先ほど申し上げましたとおり、専門的知見を有する土地家屋調査士や弁護士が調停人となって関与して、境界を明らかにするよう努力するだけでなく、当事者間の話し合いによる解決のための手助けをします。その手続きでは、裁判における判決のような一刀両断的な判断ではなく、専門的知見に基づいたきめ細やかな調停案(和解案)の提示が期待できます。

②柔軟性

裁判は、法律に定められた厳格な手続きに基づいて進められますので、手続きの進め方が必

ずしも当事者の意向に沿うとは限りません。また、判決の内容も、境界線がどこにあるかを確認するのみです。これに対して、ＡＤＲ機関においては、手続きの進め方について細かな決まりがあるわけではありませんので、当事者の意向を汲んだ柔軟な方法で手続きを進めることが可能です。また、調停人は、境界に関連する紛争を解決するという観点から、法律上の権利義務にとらわれずに、実情に応じた調停案（和解案）を提示できます。

③非公開性

裁判手続きは、公開が原則です。そのため、関係者以外には知られたくないプライバシー情報であっても、明らかになってしまいます。これに対して、ＡＤＲ機関の手続きは非公開ですから、プライバシー情報が関係者以外に漏れることはありません。

④迅速性

裁判手続きにおいては、裁判所での審理日は、通常、1ヵ月から1ヵ月半に1回のペースとなっています。そのため、判決までの審理期間がどうしても長くなってしまいます。これに対して、ＡＤＲ機関では、当事者と調停人の都合が合いさえすれば、柔軟、かつスピーディーに審理期日を入れることができますので、迅速な解決が可能となります。

⑤低コスト

ＡＤＲ機関を利用する場合にも、中立費用や相談手数料といった費用がかかり、また、事案によっては調査・測量費用といった費用もかかります。しかし、これらを合計したとしても、通常は、裁判手続きを利用する場合に比べて安いと言われています。ただし、費用については、各地のＡＤＲ機関によって金額が異なりますので、詳しいことについては、各地のＡＤＲ機関にお尋ねください。

(2) デメリット

①手続きを進めるには、相手方の同意が必要なこと

ＡＤＲは、あくまで当事者間の話し合いを手助けするためのものです。したがって、相手方が話し合いに応じるつもりがない場合には、ＡＤＲ機関に申し立てを行ってもそもそも話し合いが始まりませんので、解決に向かうことは難しいということになります。

②提示される調停案（和解案）には拘束力がないこと

裁判所の判決には、強制力があります。そのため、当事者は、自分にとって不利な判決であっても、それを拒むことはできません（ただし、不服がある場合は控訴・上告することができます）。これに対して、調停人が提示する調停案には強制力がありませんので、調停案の内容に不満があれば、その案を拒むことができます。したがって、こちらにとって有利な調停案でも、相手

方がその案を拒むことによって調停が不成立となってしまう可能性があります。

ところで、双方が調停人を非常に信頼してその裁定に任せたいという考えになった場合には、「仲裁」手続きに進むことがあります。その場合には、調停人が示す仲裁案は、双方ともに受け入れなければならないことになります。

ご相談の事例でADR機関を活用できるか

以上が、ADR、そしてADR機関を利用した場合についての概要です。それでは、ご相談の事例で、ADR機関を活用して紛争を解決できるでしょうか。

ADRを活用して紛争を解決できるかどうかは、結局のところ、話し合いによる解決が可能であるかどうかということに尽きます。ご相談の事例では、Aさん、Bさんの間では言い争いとなってしまっており、解決の糸口が見出せない状態とのことです。しかし、このような状態であるのは、今まで、調停人のいない状況で、お二人が直接話し合いをされていたからであるという可能性があります。したがって、調停人という第三者が話し合いを仲介してくれるということをお二方が理解すれば、話し合いによる解決を目指してみようという気持ちになることも考えられます。そうなれば、ADR機関を利用することも十分考えられます。

ところが、Aさん、Bさんの感情的な対立が激しく、調停人を介しても話し合いによる解決の可能性がない場合には、残念ながら、ADR機関を利用した解決は難しいことになってしまいます。

あなたは、AさんBさんの双方から相談をお受けになっているということですから、お二人がご高齢で後継者もいないこと、裁判による解決は時間や費用がかかって大変なこと、専門的知見を持った専門家に解決案を示してもらえることのメリットなどをよくお話しになり、一度当事者間の話し合いをお手伝いするADR機関を利用してみたら、とお勧めになったらいかがでしょうか。

Q 地すべりで所有山林に生育している立木が隣地に移動した場合はどうなりますか。

私の所有する山林は地すべり地帯にあり、徐々に移動しています。そこで質問なのですが、やがて私の山林の境界を越えて他の所有者の土地に立木が移動した場合、その立木の所有権はどちらにあるのでしょうか。境界線は、移動した分だけ変わるということにはならないのでしょうか。もし立木の所有権がなくなるのであれば、伐採をしたいと考えています。

A　隣地に移動した立木は、隣地所有者の所有になります。

はじめに

ご相談の内容は、立木が地すべりによって他の所有者の土地上に移動した場合であっても、その立木は依然としてあなたのものか、というものです。このご相談については、立木の所有権と、それが生えている土地の所有権の関係がポイントとなりますので、まずそのことについて簡単にご説明します。

立木は土地に固定的に定着し、容易に移動はできませんので、原則的には土地の一部として扱われます。しかし、立木は、土地とは別の取り引きの対象として独立して取り引きされる慣行があります。そこで、そのような場合について定める「立木法」が制定され、立木について登記をする制度が設けられています。また、昔から、立木を買い取った者が自分の所有であることを明示するために樹皮を削って自分の名前を墨書する「明認方法」という方法（「損害賠償と損失補償」の項150頁も参照）や、所有者名を記載した看板を立てるといった方法も広く行われてきました。登記や明認方法などで所有者を明示していれば、第三者に対しても所有権を対抗できますので、そのような方法を施してある場合には、立木は土地から独立した定着物として扱われ、土地の所有権とは別に、立木についての所有権を考えることができることになります。

以上の説明を基に、ご相談内容について考えていきましょう。

地すべりで土地の境界は移動するか

あなたのご質問に「(土地の) 境界線は移動した分だけ変わるということにならないか」という部分がありますので、まずこの点について考えてみましょう。

土地は本来ずっと地続きで、土地そのものには目で見て分かる区分線はありません。そこで、人為的に土地の境界を定めて「筆」に分けるという方法で区分しています。その区分は、土地を構成する「土の成分」で決められるものではなく、あくまでも「人間が想定した線」で決められるのです。したがって、地すべりによって山林の土が移動しても、境界線が移動するということはありません。ですから、立木が隣地に移動してしまったときに、立木の底地は自分の所有地だと主張することはできません。

移動した立木は誰のものか

あなたは、場合によっては伐採を考えたいということですので、これまであなたの山林に生育している立木を独立した取り引きの対象としたことはないようです。そうであれば、その立木は、立木法による登記や明認方法などを施していない状態であると思われます。最初にご説明したように、そのような立木は、土地と一体のものとして扱われます。そこで、立木が隣地に移動してしまった場合は、立木は隣地と一体として扱われることになります。したがって、立木は、隣地所有者のものということになります。これを法律的には「附合」と言い（民法242条）、所有権が移転する1つの場合とされています。

ところで、あなたは、自分の土地に生育していた立木の管理や手入れをしてきたことでしょう。民法は、上のように附合で所有権を失ったときは、その損失について償金を請求できると定めています。そこで、あなたは、隣地所有者に対し、立木の所有権を失ったことによる損失額を請求できることになります（民法248条）。

移動した立木の管理・手入れを継続した場合

もし、立木が隣地に移動した後も、あなたが引き続きその立木の所有者であるかのように管理・支配を継続した場合について考えてみます。そのことについて隣地所有者から特段の苦情もないまま20年が経過しますと、あなたはその立木の所有権を取得することができる場合があります。これを「取得時効」と言います（民法162条2項）。

最高裁判所の裁判例に、似た事例があります（最判昭和38・12・13）。賃借権や地上権のような土地の使用権原がないままに、他人の所有地に自己所有の樹木を植え付けた者が、植え付けの時から所有の意思をもって平穏かつ公然と立木を20年間占有したときは、時効によってその立木の所有権を取得する、とした例です。時効による取得を認めた背景には、立木が独立した取り引き対象となるという昔からの慣行があると思われます。そうだとすると、あなたには隣地の使用権原はないでしょうが、隣地所有者と争いを起こすことなく、立木の管理・手入れを平穏に、しかも公然と継続した場合には、時効によって立木の所有権を取得したと主張できるように思われます。

なお、立木の管理・手入れを所有の意思をもって継続することは、底地の山林も所有の意思をもって占有していることになるから、山林自体の所有権を時効によって取得することになるのではないか、という主張も可能なような気がします。しかし、ご相談の内容からすれば、立木が移動した隣地は他人のものだとわかっているというのが正確なところでしょうから、山林を時効で取得するというのは難しいと考えます。

伐採を検討するか

以上のとおり、立木が地すべりにより隣地に移動しますと、あなたが立木の所有権を失う可能性がありますが、立木の所有権を失うかどうかにかかわらず、立木の移動は隣地所有者とのトラブルの原因となりかねません。したがって、トラブルを未然に防止するという視点から、現時点での伐採を検討なさるのがよいでしょう。

Q 護岸工事で境界が間違っていたという理由で立木を伐採され納得がいきません。

このたび、私の所有山林に隣接する一級河川の護岸工事が、県の土木事務所の発注により始まりました。その工事に先立ち、昨年、山林の境界測量が行われ、私も土地所有者として境界確認の立ち会いを求められましたが、都合により立ち会いができませんでした。境界図面が完成すると、関係する土地所有者らは図面を確認するよう求められました。私も図面を確認しましたが、担当者から、今回の工事では私有地に潰れ地は発生しないという説明を受けたので、特に問題ないと思い、確認印を押しました。

融雪後に山林に行って境界付近を確認すると、護岸工事予定部分のスギ立木（樹齢60年）1

列20本が知らないうちに伐採され、材は跡形もなく搬出処分されていました。現場の工事業者からは、実測図面により河川の敷地内にある立木のため伐採したと聞きました。

正規の測量結果により親から引き継いだ境界が間違っていたのであれば致し方ないにしろ、立木は親が植えて何十年も育ててきたものですし、私自身も最近つる切りをしたり、境界杭を打ったりして管理をしてきました。境界が間違っていたとの理由で何の断りもなしに立木を一方的に処分されるのはどうも納得がいきません。法律的な見解をお聞かせください。

A　まずは、県に誠実な対応を求め、県が応じないような場合には、法的手続きに則って損害賠償を請求したらいかがかと考えます。

はじめに

あなた方親子が60年間にわたって育ててきたスギの立木が無断で処分されてしまったということで、さぞ憤懣やるかたない思いをされていることと思います。今回の境界確認は、護岸工事を行うために県が主導して行ったものであり、県としては、確認したばかりの境界をあなたの育成した立木が越境している状況も容易に知り得たはずです。そうであれば、それらの立木を伐採する前に、県は、あなたに対して十分に状況を説明し、あなたの了解を得てから伐採すべきであったと考えます。県がそのような慎重な手続きを経ずに、伐採という民間人の財産を一方的に毀損する行為をしたことについては、明らかに県の説明義務違反があったと考えます。県は、もっと慎重に対応すべきだったと思います。

以上のとおりですから、まずは、県に対して、スギの立木が伐採・処分されたことについて誠実な対応をするよう求めてみてはいかがでしょうか。県が満足のいく対応をしない場合には、やむを得ませんので、調停や訴訟といった法的手続きに則って損害賠償を請求することにせざるを得ません。その場合に採り得る法的な考え方を、以下ご説明いたします。

予想される県の主張

あなたが損害賠償を求めた場合には、県は、あなたは県が行った境界測量の結果である現在の境界について確認しているので、次頁図のC地に相当する部分が県（または国）の所有地であることを認めたのであって、その結果C地上の立木の所有権も県のものになることを了承していたはずだと主張するのではないかと予想されます。

これに対するあなたの言い分は、「今回の工事では私有地に潰れ地（※）は発生しない」と

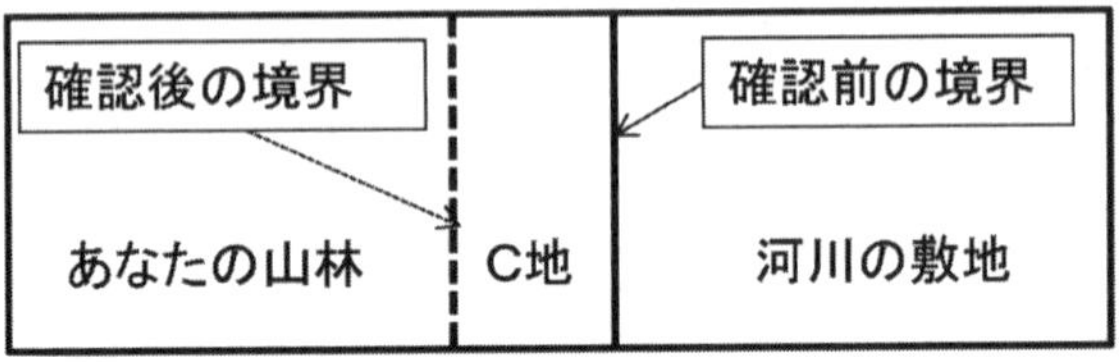

図　境界確認前後の位置関係

の説明を受けたので、現地を確認しないまま境界図面に確認印を押捺した。したがって、境界が自分の土地に食い込んでいるなどとは全く思わなかった。また、C地上の立木の所有権まで放棄した覚えはない、ということだと思います。

※「潰れ地」とは、公共施設のために取得する土地を、残った私有地に対して言う言葉で、上図で言えばC地のこと。

境界確認と土地所有権の関係

まず、境界確認とC地部分の土地所有権の関係ですが、一般に、公法上の境界（一筆の土地の範囲）の問題と土地所有権の範囲・帰属の問題とは区別され、境界を確認したからといって、直ちにその境界を基準線とする所有権の範囲・帰属を認めることにはならないと考えられています。

裁判例の中には、当事者間の境界確認に所有権の範囲を確認（合意）する法的効果があると判断したものもありますが、あなたは、そもそもC地という土地が生ずることは予測していなかったのですから、C地の所有権が県のものになることについて承知していなかったと思われます。したがって、あなたと県の間で、C地に相当する部分の土地所有権を県のものにする合意があったと判断することは難しいと考えます。このように判断されれば、立木の生育していたC地は、今でもあなたが所有する土地だということになります。

山林を時効取得できないか

仮に、今回の境界確認が「元々の境界」を確認したものであって、あなたが信じていた境界がそもそも間違っていたとしたら、どうなるでしょうか。

民法には、他人の所有物であっても、一定期間占有（管理）することで占有者がその所有権を取得する「取得時効」制度があります（民法162条）〈前掲22頁事例も参照〉。あなた方親子は、スギの立木を60年にわたって育成してこられたということですから、それらのスギが生育している山林土地は自分の土地だと信じて使用してこられたのだと思います。そうであれば、仮にC地が元々県（国）の土地だったとしても、C地を取得時効によって取得したと主張することができるのではないかと考えられます。

立木は誰の所有物か

一般に、山林（土地）に植えられた立木は、山林の付合物であると考えられています。付合物とは、付着していて取り外しが困難な物ということです。そして、民法では、不動産に付合する物の所有権は、権原（例えば賃借権）に基づいて付合させた場合を除き、不動産の所有者が取得すると定められています（民法２４２条）。つまり、立木の所有権は、原則として山林の所有者に属するということです。

先に述べた主張のいずれかが裁判所に認められれば、C地はあなたの所有地ということですから、スギの立木もあなたの所有物ということになり、県の伐採行為はあなたの所有物を違法に毀損したと判断され、県は、あなたに立木伐採で生じた損害を賠償しなければならないということになります。

山林の所有権が移転すると立木の所有権も移るのか

右に述べたC地の所有権に関する主張のいずれもが裁判所の認めるところにならない場合には、立木の所有権はどのように考えられることになるのかを考えてみます。

立木が山林の付合物であり、その所有権は原則として山林の所有者に属すると判断されることは先に述べたとおりです。しかし、立木の所有権を自分に留保した上で、山林（土地）の所有権だけを別の人に移転させることは認められています。本件でも、あなたは境界図面で境界の確認をしましたが、立木まで県のものになるとは考えていなかったのですから、境界確認後も立木の所有権はあなたに帰属していたのだと主張することを考えたらいかがかと思います。

最後に

以上のとおり、県が立木を無断で伐採したことが違法な行為であるかどうかを検討する上では、境界確認に至るまでの経緯、すなわち、あなたが境界確認をするに当たって、県や測量会社が、あなたにどのような説明をしていたか、が非常に重要になります。境界確認の際に受領した資料があれば保管し、口頭でやりとりした内容はメモにするなどして記録化しておくとよいでしょう。それら資料を基に、より詳細な調査・分析が必要になりますが、そのようなことをあなただけで行うことは難しいと思われますので、身近な弁護士に相談することをお勧めします。

Q 河川の官民境界の確定について、公図と現地が一致しない場合、どこまで公図を尊重しなければならないのですか。

社有林内を通過している市道の拡幅工事に伴い、関係する地番の境界確定を市役所から求められました。社有林は枯れ沢で隣地と接しており、この沢は公図に水路として記載されています。市は、この枯れ沢についても官民境界を確定したい意向です。

立ち会い当日、現地に行ってみると、既に測量業者によって仮杭が枯れ沢に沿って数十mの間隔で右岸・左岸セットで何カ所か打たれていました。仮杭は、そこだけで見れば右岸・左岸とも妥当と思える場所に打たれており、その部分の官地幅は適当でした。しかし、流れ方向では、枯れ沢の曲がりと比べて仮杭の間隔が長いことから、官地に植林したスギが入ってしまったり、逆に社有林に枯れ沢が入ってしまっている状況でした。

測量業者と市の担当者の話では、「公図は現況と一致しないことが一般的だが、形は尊重しなければならず、公図の折れ点を現地に当てはめて仮杭を打った。出入りはあるが、これで了解してもらいたい」とのこと。その場では、そんなものかと思い立ち会い証にサインをして帰ってきましたが、やはり何だか釈然としません。そこで質問です。

Q1 公図と現地とが一致しない場合、どこまで公図を尊重しなければならないのですか？ 現況の枯れ沢に合わせて何カ所も折れ点を追加することはできないのでしょうか？ ちなみに、官地側にはみ出すこととなった部分の幅は最大8mほどです。

Q2 今回、官地に入ってしまったスギは66年生で、会社が植えたものに間違いありません。仮にその場所がもともと官地だったとしても、66年間何の指摘を受けることなく会社が管理してきたわけで、このような場合「時効取得」ということは考えられませんか？

Q3 今回、官地に入ってしまったスギは、土地は百歩譲って官地だとしても、スギの所有権（伐採収穫する権利）を引き続き当社が確保する方法はあるでしょうか？

A

公図は土地の境界を判断するための重要な資料ではありますが、それのみによって境界が確定するものではありません。筆界特定制度の利用や境界確定訴訟の提起により、官民境界を確定することを検討してはいかがでしょう。

Q1 どこまで公図を尊重する必要があるのか

公図とは、不動産登記法14条4項に規定する「地図に準ずる図面」として法務局に備え付けられているものを言います。公図は、まだ測量技術が十分に発達していなかった明治時代に作成された図面をもとにしたものですので、不正確な部分がたくさんあります。そうではあるものの、公図は、土地の境界が作成された当時の形状を物語る貴重な資料であることも間違いありません。ご相談の中にある測量業者と市の担当者の話は、このことを言っているのでしょう。このように、今回のご相談の社有地と枯れ沢との境界を考える上で、公図が一つの重要な資料であることは間違いありませんが、公図に枯れ沢の曲がりが正確に反映されている保証はありませんし、また、公図によって境界が確定されるわけでもありません。

土地の境界（公法上の土地の境界）というのは、登記という手続きで定めることになっていますが、登記の記載内容は、必ずしも現況と一致するものではありません。特に今回のように現況と公図で最大8mも境界にずれがあるような場合には、どのように登記するかの問題が生じます。このようなときに隣地所有者間の争いを避ける目的で行われるのが、官民境界の確定を目的にしてなされる双方土地の所有者の立ち会いです。そして、立ち会って確認された境界で間違いないという認識を表明するのが、立ち会い証へのサインということになります。今回あなたは、そのサイン後に確認した境界は正しくないとの疑問を強くお持ちのようですから、そのサインを撤回し、立ち会いをやり直してもらいたいと望んでおられると思います。しかし、一度サインしてしまっている以上、市側と話し合いで折れ点を変更することは難しいのではないかと思われます。

重要な点は、立ち会い証へのサインによって境界が確定するというものではないということです。もし、枯れ沢の折れ点をはっきりさせたいというのであれば、筆界特定制度を利用するか、または、市を被告として境界確定訴訟を提起するという方法を採るしかないと思います。

Q2 時効取得の可否

今回、官地に入ってしまった場所は、66年間も貴社がスギを植えて管理してきたというのですから、その場所を貴社が時効取得しているのではないかというのはもっともなご相談です。ただ、今回は官地（水路）の時効取得ということなので、民法の観点だけでなく、そもそも公共用物の時効取得が可能なのかという観点からも考える必要があります。

まず、民法の観点からご説明します。民法第162条1項は、「20年間、所有の意思をもって、…他人の物を占有した者は、その所有権を取得する」と規定しているところ、66年間にもわたってスギを植えた場所を管理してきた貴社が、「所有の意思」をもって占有していたのかという点が問題となります。

「所有の意思」は、占有者がその場所を占有することになった原因がどのようなものであったのかということから判断されます。貴社が社有林を取得した時に、今回官地であると判断された場所も含めて取得し・管理を始めたというのであれば、その場所についての「所有の意思」は認められることになるでしょう。

次に、公共用物の時効取得という観点からご説明します。公共用物の時効取得については、最判昭和51年12月24日（民集30巻11号1104頁）が次のように判断しています。

「①公共用財産が、長年の間事実上公の目的に供されることなく放置され、②公共用財産としての形態、機能を全く喪失し、③その物のうえに他人の平穏かつ公然の占有が継続したが、そのため実際上公の目的が害されるようなこともなく、④もはやその物を公共用財産として維持すべき理由がなくなった場合には、右公共用財産については、黙示的に公用が廃止されたものとして、これについて時効取得の成立を妨げないものと解するのが相当である」（①～④の符合は、筆者）

この判例が示した各要件の意義については不明確な部分も多いのですが、貴社は、公図上は水路とされている官地を、66年間も何の指摘を受けることもなく占有してきたのですから、上記判例が示した①から④の各要件を満たしていると判断される可能性は十分あります。

以上からしますと、貴社は、時効の援用（民法１４５条）をすることにより、今回官地とされてしまった場所を、「時効取得」できるのではないかと思います。

Q3　スギの所有権を確保する方法

貴社がスギを植え、管理してきた場所が官地（市有地）である場合には、貴社が植栽するについて何らかの権原をもっている場合はともかく、植栽の権原をもっていないときは、そのスギの所有権は市に帰属していると考えられます。というのも、民法２４２条は、「不動産の所有者は、その不動産に従として付合した物の所有権を取得する」と定めており、貴社のスギは、まさにその官地に付合しているからです。

もっとも、その場合でも、同法２４８条は、「第２４２条…の規定の適用によって損失を受けた者は、…その償金を請求することができる」と定めていますので、貴社は、市に対して、スギの代金相当額の償金を請求することができると考えます。なぜなら、スギの所有権を失った貴社はこの「損失を受けた者」に他ならないと言えるからです。

したがって、貴社が、スギの所有権（伐採収穫する権利）を確保する方法としては、以上のようなゴタゴタを回避するため、スギの伐採時期が到来するまでこれまでどおりの使用を認めるよう市に要請するか、それがダメなら、スギの代金相当額の償金の支払いを求める代わりに、スギを伐採・収穫することを認めてくれるよう市と交渉するということになるでしょう。

共有林

Q 戦前からずっとわが家で管理してきた所有者9名の共有林を、わが家が時効で取得できますか。

私が住んでいる村で私を含め9名で山林を共有しています。面積は9反歩ですが100年生以上のスギ・ヒノキで構成されています。所有者の一部は村内に住んでいますが、ほとんどは村外に出てしまい、連絡先はわかるものの、林業経営には関心をもっておりません。私が所有するのは全体の3分の1ですが、森林の管理は戦前からわが家が続けてきました。私を含めた所有者もいよいよ高齢になり、他の共有者は共有林の存在を忘れているようですので、これまで長く森林を管理してきたわが家が、時効ということで共有林全体の所有者になることはできないものでしょうか。

A　あなたが所有の意思をもって共有林に掛かる固定資産税や管理費をすべて支払い続けているといった客観的な事情がなければ、残念ながら難しいと言わなければなりません。

Q　所有権を時効で取得するためには、どのような要件を満たせばよいのでしょうか。

A　民法では、次の⑴のタイプか、⑵のタイプの、どちらかの要件を満たすことが必要であると定められています（民法162条）。

⑴のタイプ
①20年間、②所有の意思をもって、③平穏かつ公然と他人の物を占有すること

⑵のタイプ
①10年間、②所有の意思をもって、③平穏かつ公然と他人の物を占有し、④占有開始時に善意無過失であること

Q　まず、わかりづらい言葉があるのですが、「占有」というのは、どのような意味ですか。

A　占有とは、所有権や賃借権といった物（動産も、不動産も含みます）を所持・支配する大本の権利を離れて、自分のためにする意思で事実上物を所持・支配している状態を言います。

Q　「平穏かつ公然」というのは、どのような意味なのでしょうか。

A　「平穏」とは、占有をしている者が暴行脅迫などの行為によって占有を開始したり、保持したりしていないことを言います。

　また、「公然」とは「隠秘」の反対語であり、占有する者が占有を隠蔽していないことを言います。

Q　(2)のタイプの④に挙がっている「占有開始時に善意無過失」とはどのような意味ですか。

A　「善意」とは、対象となっている物が自分の所有物であると信じていることを言い、「無過失」とは、そのように信じることについて不注意がないことを言います。

Q　言葉の意味はわかりましたが、私の場合は、どのように考えたらよいのでしょうか。

A　それでは、今回の件で時効の要件を満たすかどうかを考えましょう。

　まず、「ずっと管理してきた」ということですから、ご自分が全体を所有しているとは思っていなかったようですね。そうだとすると、(2)のタイプ④の「善意無過失」については、満たしていないということになります。したがって、(1)のタイプの場合として20年間の時効取得が認められるかを考えることになります。この点は、本件では、戦前から60年以上にもわたって共有林を管理してきたのですから、①の20年間という要件はクリアできそうです。また、③「平穏かつ公然」という要件も満たしていると思われます。

では、残る要件として、②所有の意思もあると言えるのかを考えましょう。

「所有の意思」とは、少しややこしいですが、占有している者の内心によって決まるのではなく、占有を取得するに至った原因によって、外形的・客観的に決められるとされています。つまり、所有権を取得するような形態で占有を取得したかということです。

Q 具体的に、裁判所では、どのような判断がされているのですか。

A 判例では、土地の売買契約によって買主が土地の占有を始めたものの、売主が無権利者であり、売買契約が成立しなかったという場合でも、買主は、自分は土地を買って所有者になったと思って占有を開始しているので、所有の意思を認めています。

しかし、賃貸借に基づいて占有を開始した場合には、借りている人は自分の物になったとは思っていませんから、所有の意思を否定しています。

また、本件に似た事案としては、共同相続人の1人が相続財産を単独で占有していても、他の相続人の相続分、すなわち所有権があることを知っているのですから、所有の意思がないとされています。

Q しかし、他の共有者は山林管理には全く興味を持っていないし、わが家が戦前からずっと共有林を管理してきたのですから、それらのことを理由に所有の意思が認められるようにはならないのでしょうか。

A

その点について問題となりそうな法律の条文として、民法185条があります。民法185条では、所有の意思がない占有から所有の意思がある占有への転換が認められる場合を定めています。具体的には、所有の意思がない占有であっても、

a. 自己に所有の意思があることを表示して占有を開始した場合か、

b. 新権原（例えば、対象となっている当該の物を購入する）により占有を開始した場合には、所有の意思がある占有に転換されるのです。

このaの要件を満たすことを認めた裁判例として、小作人が地代を一切支払わないまま農地を自由に耕作して占有していることを、農地の所有者が文句を言わないで容認していたという場合について、小作人が所有者に対してその農地について所有の意思があることを表示したと判断した事例があります。したがって、今回の件でも、あなたが共有林に掛かる固定資産税や管理費をすべて支払い続けているのに、そのことについて他の共有者は何も言わないで容認している、といった客観的な事情を積み上げていけば、所有の意思があることを表示したと認められる可能性があります。

Q なかなか微妙な判断になりそうですね。

A そうですね。しかし、あなたが他人の土地についても管理し続けるという状態は不健全ですし、あなたの負担が大きすぎます。幸い、他の共有者の連絡先がおわかりのようですから、まずはそのような現状を他の共有者に正確に伝え、あなたが共有林の持ち分全部を譲り受けられるよう交渉してみてはいかがでしょうか。

Q 生産森林組合において便宜的に共有者の中から代表者を決め、組合所有の不動産について「代表者名義の登記」をしましたが、これはよい方法なのでしょうか。

以前、国体があった際に、生産森林組合の所有土地の一部が国体開催のための道路用地として収用されました。この土地が71人の共有土地であったために手続きが面倒であったので、残りの土地については、便宜的に共有者の中の代表者の名義にしておいたほうがよいだろうということになり、評議委員会、役員会、臨時総会を開催して、残りの土地について代表者名義の登記を行いました。代表者となった組合長が将来退任することもありますが、果たして代表者名義の登記にしておくのはよい方法なのでしょうか。併せて、「代表者名義の登記」というのは、本来どのような時に行われるものなのかについてもご指導をお願いいたします。

A　後々のトラブルを避けるため、できるだけ早く登記名義人を組合長個人から法人である生産森林組合に変更する手続きを採ることをお勧めします。

はじめに

ご相談の事例では、登記簿上の土地所有者（これを「登記名義人」と言います）を誰にしておくのがよいかが問題となっています。それを検討する前提として、そもそも不動産登記制度とはどういうものなのか、簡単に見ていくことにしましょう。

不動産登記制度について

不動産登記制度は、土地や建物といった不動産について、所在地や面積を登記簿に記載することによって、その不動産がどのようなものであるかを明確にするとともに、所有者の住所・氏名を記載して、その不動産が誰の所有物であるかが明らかになるようにしたものです。また、その不動産に抵当権や地上権などの権利が設定されている場合には、それも登記することができるようになっています。このように、ある不動産について誰にどのような権利（所有権、抵当権等）があるかを明確に示すことで、権利者は自分の権利を確保することができます。

また、登記簿は、その不動産の所在地を管轄する法務局で管理されており、誰でも請求すれば見ることができます。したがって、ある不動産について取り引きを行おうとする人は、その不動産の登記簿を見れば誰が権利者であるかを確認できますので、不動産取り引きが安全かつスムーズに行われることが期待できるのです。

登記の重要性

登記は、自分が持っている権利を第三者に対して主張する上で極めて重要な意味を持っています。民法１７７条は、「不動産に関する物権の得喪及び変更は…（中略）…その登記をしなければ第三者に対抗できない。」と定めています。これだけ読んでもわかりにくいと思いますが、具体的には次のようなことになります。

ＡがＢに土地を売って代金も受け取っていたが、Ｂが所有権移転登記を行わず、登記簿上の所有者がＡのままになっていたとします。それをいいことに、Ａがその土地は自分のものであるといって第三者であるＣに土地の売買を持ちかけたところ、Ｃが話に乗ってＡに代金を支払い、所有権移転登記手続きをとって登記簿上の所有者名義をCに変更しました。この場合、本来ならBが先に土地を買ったのですからCに対して自分が所有者であると主張できるはずです。しかし、民法177条の規定によって、自分が所有者である旨の登記をしなかったBは、第三者であるCに対して土地所有権を主張することができず、先に登記名義人となったCが確定的に土地所有権を取得したことになるのです。

登記1つで不動産の所有権を失うことにもなりかねないのですから、不動産取り引きの際などには、正確かつ迅速に自分の権利が登記簿に記載されるようにしなければなりません。

代表者名義の登記について

ご相談の事例では、問題の土地について、多数の共有者を代表して生産森林組合の代表者である組合長が個人名義で登記簿上の所有者になっています。このような代表者個人名義の登記は、実質的にはある団体が不動産を持っているが、その団体を登記名義人として登記することができない場合に、次善の策として用いられることがあります。

登記名義人になるためには、当然ながら不動産の所有権を有していることが必要ですが、その前提として、不動産の所有権という法的な権利を持つためには、法的な権利の主体となる資格がなければなりません。この資格のことを「権利能力」と言い、およそ人間であれば誰でも権利能力があるほか、会社などの法人にも権利能力が認められています。したがって、個人や法人は、不動産の所有権を取得することができ、所有者として登記名義人になることもできます。

これに対して、町内会や趣味のサークルといった団体は、通常は法人になっていません。法人でないので、権利能力がないということになりますから、実質的にはこれらの団体が不動産を持っている場合（町内会が町内会館を建てた場合など）でも団体そのものが不動産の所有者となるわけではなく、団体の構成員が全員でその不動産を所有しているものとみなされます。したがって、このような団体を登記名義人として登記することはできません。

この場合には、本来なら団体の構成員全員を登記名義人として共有の登記を行うことになりますが、それでは構成員の数が多い場合に諸々の手続きが面倒になってしまいます。そこで、便宜的に考え出されたのが、団体の代表者個人を登記名義人として登記し、代表者が交代した時はそれに伴って登記名義人を新しい代表者に変更するという方法なのです。

なお、この際、「〇〇（団体名）代表者　甲野太郎」というように肩書きを付けて登記することは認められておらず、あくまでも代表者の氏名のみで登記することになります。

代表者名義の登記の危険性

代表者名義の登記を行った場合の最も大きな問題点は、登記名義人として登記簿に記載されるのが代表者の氏名のみで、団体の名前がどこにも表示されないことです。このことから、実質的にその不動産を持っているのは団体であるという事情を知らない第三者が登記簿を見れば、登記名義人である代表者個人がその不動産を所有していると考えることになります。これによって、以下のような問題が起こることが考えられます。

まず、代表者が突然亡くなってしまった場合を考えてみましょう。本来、その不動産は、実質的には団体のものであって亡くなった代表者個人の所有物ではありませんから、代表者の遺産には当たりません。しかし、事情を知らない相続人が登記簿を見れば、その不動産は亡くなった代表者が個人で所有していた遺産であり、相続の対象になると考えますので、団体と代表者の相続人との間で紛争になるおそれがあります。

次に、代表者がお金に困って、自分が不動産の登記名義人であるのをいいことに、その不動産を売ってしまおうと企んだ場合を考えてみましょう。話を持ちかけられた第三者が登記簿を見れば、その不動産は代表者が個人で所有しているものだと考えますので、第三者が話に乗って買ってしまうことも十分考えられます。この場合には、不動産の所有権を巡って買主と団体の構成員との間で争いになります。

また、登記名義人である代表者にお金を貸している債権者が、債権回収のためにその不動産の差し押さえを行うことも考えられ、この場合、差し押さえの有効性を巡ってその債権者と争わなければならないことになります。

このように、代表者名義の登記には様々なリスクがあります。したがって、代表者名義の登記は、それしか登記の方法がない場合に限って行うようにしたほうがよいですし、その場合でも、登記名義人になる代表者は慎重に選ぶ必要があると言えるでしょう。

ご相談の事例について

ご相談の事例でも、後々のトラブルを予防するため、他に登記の方法がある場合には代表者名義の登記は避けるのが賢明です。本件の土地は71名の共有土地であるということですが、生産森林組合で話し合って組合長を登記名義人にしたというのですから、実質的にはその土地は組合のものであると考えられます。

ところで、生産森林組合は、森林組合法5条1項によって法人であるとされています。先にご説明したとおり、法人であれば団体として不動産を所有でき、登記名義人になることができるのですから、ご相談の事例では、生産森林組合を登記名義人として登記することが可能です。したがって、代表者個人名義の登記を行う必要はないことになります。

以上のとおりですから、できるだけ早く登記名義人を組合長から生産森林組合に変更する手続きを採ることをお勧めします。

Q 過疎化により生産森林組合の活動に支障が出ており、組合員を増やすための内規の変更をしたいのですが。

私どもの生産森林組合では過疎化により、組合活動ができない状態にあります。そこで、①最近の交通事情のよさを考慮すると、離村者でも生産森林組合活動に参加できるため、地区外に出た者でも引き続き組合員として認めるよう内規で記載しようと検討していますが可能でしょうか。また、②集落外から集落内に住み込んだ新住民も組合員となれるよう内規で記載することも可能でしょうか。この場合、現物出資はありませんが、一括現金で出資をしてもらうことを考えております。

しかしながら、上記の努力をしても組合員が減少していった場合、森林組合法第100条第

4項の「組合は、第1項及び前項に掲げる事由によるほか、組合員（准組合員を除く）が5人未満になったことにより解散する」（準用規定）とありますので、このような事態になった場合、③監督官庁である県に連絡する義務があるのか、また、④生産森林組合として解散事務を進めなければならないのか、どうぞご指導願います。

A 森林組合法の規定をよく読み、定款を確認した上で、必要な手続きを採ってください。

質問①――組合員の資格

森林組合法は、生産森林組合の組合員たる資格を有する者として、2つのタイプを定めています。

そのうちの1つは、「組合の地区内にある森林又はその森林についての権利を組合に現物出資する個人」です（94条1号）。地区内の森林に関する権利を組合に現物出資する個人であればよく、地区内に住所を有することは必要とされていません。

この規定は、生産森林組合が、わが国の林野所有の零細性を踏まえ、森林経営の規模の拡大を図る制度として導入されたことに由来します。生産森林組合が林地を十分に確保するためには、地区外に在住する森林所有者も組合員とする必要があったので、現物出資をする者については、地区内に住所を有していなくともよいことにしたのです。

したがいまして、組合の地区外に転出したからといって、法律上、組合員資格がなくなるわけではありません。

ただし、ご質問からすると、あなたの組合の内規は、地区外に出た者は組合員でなくなると定めているのだと思います。そのような場合に、内規を変更するだけで、地区外に転出した者を引き続き組合員とすることができるかというと、必ずしもそうとは限りません。

森林組合法は、組合員の資格について、具体的には「定款で定めるもの」としており、どの組合でも、定款で組合員資格を定めています。定款は組合の根本規範であり、内規よりも強い効力を持ちますので、あなたの組合の定款が、組合員資格を地区内在住者に限定している場合には、内規に何と記載しようが、転出した者を組合員とすることはできません。その時には、組合の総会で、定款変更の手続きを採った上で、内規を変更する必要があります。

質問②——転入してきた住民の資格

森林組合法は、組合員たる資格を有する者として、もう1つのタイプを掲げています。それは、「組合の地区内に住所を有する個人で林業を行うもの又はこれに従事するもの」です（94条2号）。

1つめのタイプと異なり、現物出資は必要とされていません。森林経営の共同化を図るという生産森林組合の目的からすると、現物出資者のみを組合員とすればよさそうですが、組合を円滑に運営するためには、労働や金銭出資のみを行う組合員も認める必要があるので、地区内に住所を有することを条件として組合員になれるようにしたのです。もっとも、林業に全く関係がない者を組合員とすることは望ましくないので、林業を行うか、林業に従事することが必要とされています。

したがって、新しく地区内に転入してきた住民で、その条件に合う人を金銭出資者として組合員とすることは可能です。

ただし、定款で組合員資格を現物出資者に限定している場合には、内規に何と記載をしても、金銭出資者を組合員にすることはできないので、まず定款を変更する必要があります。これは、質問①の場合と同様です。

質問③——届け出の義務

近年、組合員の高齢化や経済難から、解散を考慮せざるを得ない生産森林組合が少なくない（写真はイメージです）

近年、組合員の高齢化や経営難から、解散を考慮せざるを得ない生産森林組合が少なくないようです。

既に述べたような組合員増員のための努力にもかかわらず、組合員が5人未満になってしまった場合には、ご質問のとおり、生産森林組合は解散します。森林組合法が定めるその他の解散事由、例えば、総会の解散決議や、組合の合併、破産などと異なり、誰かの行為によることなく当然に解散することになります。

組合員の減少により解散となった時は、生産森林組合は、遅滞なくその旨を行政庁に届け出なければなりません（83条5項、100条4項）。この届け出を怠ると、組合の役員または清算人が、50万円以下の過料に処せられます。

届出先の行政庁は、都道府県の区域をまたがった区域を地区とする組合については、農林水産大臣であり、その他の組合については都道府県知事です。

質問④―清算事務

組合は、解散すると、その事業活動を終えて、残務を処理し財産関係を整理する限りで存続する状態になります。この財産関係を整理する手続きを清算と言います。このような清算中の組合の代表機関が清算人であり、清算人は、解散前の代表機関であった理事に相当する地位です。組合が解散した時は、原則として理事が清算人になります（89条1項、100条4項）。

清算人は、就任後遅滞なく、組合の財産状況を示す財産目録や貸借対照表を作成して財産処分の方法を定め、総会の承認を受けなければなりません（90条、100条4項）。また、その職務として、現務の結了（継続中の業務を完結させること）や、債権の取り立て及び債務の弁済、残余財産の引き渡しなどの清算事務を遂行します（99条の5第1項）。

以上のとおり、生産森林組合が解散した時は、組合の清算人が、清算事務を行うことになります。

不法投棄

Q 当市内の山林にゴミの不法投棄が頻繁になされ困っています。林道の入口に門を作って封鎖したいと考えていますが、何か考慮すべき問題はないでしょうか。

当市は、広域合併を機に、市街地から林業が盛んな山村地域までの広い市域となっています。最近では、林業振興のために積極的に林道や作業道といった路網開設に力を入れ、市でも強力にサポートしてきました。しかし、残念なことにこうした路網整備に乗じてゴミの不法投棄が急増し、森林所有者から苦情が絶えません。そこで、市では、ゴミの不法投棄が心配される林道等の入口に門を作って封鎖をすることを検討しているのですが、こうした行為について法律上、考慮すべき問題はありますか。

A 通行規制をする場合には、林道の利用状況を考慮して、必要最小限の規制にすることが大切です。

Q 林道の入り口を封鎖することは、法律上、許されるのでしょうか。

A 結論から言えば、林道の通行規制をすることは可能ですし、実際にも多く行われています。

Q どのような法律に基づいてできるのですか。

A 実のところ、林道については、森林法や森林組合法に若干の規定が散見されるのみで、林道の管理権限や管理方法を詳細に定めた法律はありません。地方公共団体は、それぞれ独自に林道管理条例などを設けて、条例に基づいて通行規制をすることが多いようです。

Q 条例の定めがないと通行規制はできないのですか。

A 地方自治法は、「公の施設」の管理については条例で定めなければならないとしていますので、林道が、地方自治法の「公の施設」に当たる場合には、条例によらなければ通行規制はできません。

しかし、通常の林道は、森林整備や営林事業のために設置されるもので、広く住民の利用を予定したものではありませんから、「公の施設」には当たらないと考えられます。

　したがって、条例に則って通行規制をすることが望ましいですが、必須ではありません。

Q　どのような場合に通行規制ができるのですか。

A　林道は、「公の施設」ではありませんが、「行政財産」に当たると考えられます。「行政財産」は、法律上、「その用途又は目的を妨げない限度においてその使用を許可できる」とされていますので、林道の本来の目的に支障があると判断される場合は、通行を許可する必要はなく、通行止めができます。

Q　そうすると、ゴミの不法投棄防止のためなら、自由に林道を封鎖してよいことになりそうですね。

A　そう簡単ではないのです。過去に、産廃処理業者が、産業廃棄物の運搬のために林道の使用許可を申請して争いになった事件があります。市長は、産廃処分場の操業を止めたいという思惑から申請を拒否したのですが、裁判所は、この不許可処分を違法として取り消しました。

Q　どうして違法なのでしょう。使用を許可するかどうかは市長が決めてよいのではないですか。

A　林道は、森林保全や営林事業の目的で設置管理されるものだとしても、公共の用に供するものでもあるので、目的外使用の許可、不許可を市長が全く自由に決めてよいことにはならないのです。裁判所は、林道の使用を許可するかどうかは、林道の保全、他の利用者との調整等の観点から、合理的な範囲で決めなければならないとしました。

その事件の場合は、産廃処分場は比較的小規模で、問題となった林道は、普段ほとんど車両が通行しないものでした。そこで、裁判所は、産廃業者の通行は、林道を損傷させるものではなく、他の利用者の妨げになるものとも到底言えないとし、不許可処分を違法としたのです。

Q 場合によっては、林道の通行止めが違法になるということですね。

A そうです。前述の裁判例からすると、①林道の保全の必要性と、②利用状況とを考慮して、通行止めの可否を判断することになります。

Q 本件の場合はどうでしょうか。

A ①森林や林道の保全の観点からは、ゴミの不法投棄が与える悪影響は明らかです。しかし、②林道の利用状況を考慮する必要があります。普段あまり使われていない林道を封鎖することにはさして問題がありませんが、生活道路として付近の住民に頻繁に利用されている林道を封鎖する場合には、難しい判断になります。その場合には、どの地点に不法投棄がされているかきめ細かく把握し、通行止めの区間を限定して、必要最小限の通行規制を行うようにすべきでしょう。また、住民の負担を減らすために、どの区間を封鎖したかについて、積極的に情報を公開することが望ましいと思われます。

Q その他に注意すべき点はありますか。

A 林道は、道路法上の道路ではありませんが、道路交通法の適用があります。そのため、通行規制をする場合には、林道の管理者は、通行禁止の権限を有する都道府県公安委員会などの関係機関に対し、禁止に必要な情報の提供、及び要請を行わなければなりません。

また、その連絡、要請に当たっては、事前に、禁止の対象、区間、期間を十分に調査し、その理由を明らかにしておかなければならず、通行上の支障を最小限にとどめるよう心がけなければならないとされています。これらの点に注意してください。

また、林野庁の調査によれば、林道の入口にゲートを作っても、ゲートの鍵やゲート自体が破壊されるケースが多発しているようです。不法投棄の根絶のためには、通行規制をするだけでなく、看板の設置や定期的なパトロールなど様々な手段を用いて、不届者に警告をしていく必要があると思われます。

Q 一度与えた林地開発許可を、撤回することができるでしょうか。

森林法第10条の2に規定する林地開発許可制度に関する相談を受けています。10年以上前に林地開発許可を受け、森林所有者（以下A氏）から同意を得て砕石などの事業を行っていた会社（以下B社）が倒産してしまいました。このよう場合に、別の事業者が引き続き所有者から同意を得て事業を行う時は、森林法第3条の継承が成立し、再度の許可を得ずに開発行為を行うことができると言われています。

しかし、B社関係者とは連絡がつかなくなり、事業の継承手続きができなくなっていたところ、所有者であるA氏から、自分の所有する森林内で太陽光発電施設の設置など別の事業を行いたいとの申し出がありました。B社は既に実態がなくなっている一方で、森林の所有権はA氏にあるので、A氏が事業を行ってもいいようにも思いますが、既に与えた許可をどのように扱えばよいのでしょうか。また、B社が工事途中の場合は、A氏が防災施設の設置を行わなければならないのでしょうか。

都市計画法の開発許可と異なり、森林法や関係する通知を見ても、林地開発許可には撤回等の規定がなく、対応に苦慮しています。二重に許可を与えてもよいものでしょうか。事業者が倒産した場合の一般的な考え方を教えていただければと思います。

A 撤回は可能だと考えます。二重の許可は避けたほうがよいでしょう。

事業者が倒産した場合の一般的考え方

倒産状態に陥った会社の法的整理の方法には、民事再生、会社更生、破産などがあります。法的整理が行われる場合には、管財人等の責任者との間で開発許可の取り扱いを協議して処理すればよいということになります。しかし、ご相談の事案では、許可を受けたB社は、破産などの法的手続きを採らないまま、いわゆる夜逃げをして連絡を絶っているものと思われます。したがって、ご質問にある一般的な考え方というのは、法的整理をしない時の一般的取り扱いは、どのようなものか、についてのお尋ねということになるでしょう。そのような状態にある会社は、商業登記は残ったままなので法形式的には存続していることになりますが、実際には活動もせず、多くの場合、ウヤムヤのうちにいつの間にか消えていきます。したがって、開発許可の取り扱いについて一般的な考え方を示すことは困難です。

B社の現状

B社は、現在は夜逃げをして連絡を絶っているようですが、債権者の追及を受ける事態が沈静化した時には、元に戻って事業を再開する可能性が全くないとは言い切れません。しかし、可能性があるからといって何もしないという消極的な態度でいては、A氏からの申し出に対応することもままなりませんから、現状を基礎に解決策を考える必要がありましょう。

許可の撤回について

①許可の撤回はできないか

都市計画法や建設業法には、許可要件を満たさなくなった者について、許可を取り消すことができるという条文があります（都市計画法81条、建設業法29条）。森林法にも同じような条文が置かれていればよいのですが、ご指摘のとおり、そのような条文はありません。

それでは、明文の定めが置かれていない場合には、一切の撤回（将来に向かって許可の効力を失わせること）が許されないのでしょうか。放置していては公益に反する事態が生じてしまう場合もないではありません。そのような場合に撤回が許されると判断した裁判例があります。

昭和50年代、人工妊娠中絶を行うことができる「指定医師」に指定されていた医師が、中絶の時機を失して出産することになった女性の子供を他人に譲るという「赤ちゃんあっせん」を行っていました。当時の優生保護法（現在の母体保護法）には、指定を取り消すことができるとは書かれていませんでしたが、その医師に対して指定の取り消しがなされたところ、取り消しの有効性を巡って訴訟になりました。最高裁判所は、昭和63年6月17日、指定取り消しによる医師の不利益を上回る公益上の必要性があったとして、この取り消しを有効と判断したのです。公益を考慮して、撤回を認める条文がないのに撤回を認めた判例は、他にも多数あります。

森林法の林地開発の許可は、森林の保続培養と森林生産力の増進を考慮してなされるものですが、B社が今後事業を再開したり、第三者に事業を譲渡し許可を承継させる可能性もゼロではありませんが、倒産して夜逃げ状態にあるというのでは、適切な林地開発の実施は望めないでしょう。森林法が撤回の条文を置いていないとしても、許可取得事業者に対して永続的な開発を認める趣旨だとは考えられず、ご相談のような事案における許可の撤回を否定するものではないと解することができると思います。

②撤回の手続きについて

ところで、許可の撤回は、許可を受けていた事業者にとって不利益な行政処分に該当しますので、相手方がその内容を知ることのできる状態になって初めて効力が生じます（最高裁判所昭和57年7月15日判決参照）。本件では、B社関係者が行方不明とのことですので、登記簿上の本店所在地に処分の告知書を送付しても処分を知ることのできる状態にあったと言えるかどうか、後日、争いになる可能性があります。

そこで、裁判所に、民法98条の「公示による意思表示」の申し立てを行い、後日の紛争に備えてはどうでしょうか。

二重の林地開発許可について

林地開発許可の制度について定める森林法第10条の2の条文を見ても、同じ土地に先に林地開発許可を受けている者があることを理由に不許可にしなければならないとは書かれていません。また、林地開発の許可は、許可を受けた者に対して、独占的・排他的な開発権を与えるものだとは定められていません。そこで、B社に対する許可を存続させたままで、A氏に対して、二重に許可を与えることができるのではないかとも思われます。しかし、同じ土地について二つの林地開発の許可が併存した場合には、いずれの許可が優先するかについて許可を受けた者の間で争いになったり、乱開発のようになってしまうおそれもあります。

ご相談の事案では、B社が戻って来て事業を再開するとは予測しにくいので、二重に許可を与えても問題が起きないとも思われますが、第三者に対して事業譲渡がなされる可能性はなしとしません。したがって、やはり二重の許可は与えるべきではないと考えます。

許可に付された条件について

事業を承継した場合には、前の許可をそのまま引き継ぐということになりますから、承継前の許可事業者が許可に付された条件を実行していなかったとすれば、承継後の許可事業者がその条件を実行すべき地位にあることになります。しかし、自ら行政庁に申請して新しく許可を受けた場合には、その許可に付された条件は守らなければなりませんが、前の許可に付されていた条件を引き継ぐことはありません。

もし、現地の状況から、A氏に防災施設の設置を行わせるべきと判断されるのであれば、A氏に対する新たな許可にそのような条件を付すべきだと考えます。

Q 土地所有者が不明の山地災害危険箇所に治山ダムなどを設置する方法について教えてください。

当市では昨年の異常豪雨で土砂災害がありましたが、市内には今後も山地災害を引き起こすおそれのある危険箇所もあり、近隣住民からその対応を切望されています。市では住民の安全確保を優先して、早急に治山ダム等を設置するよう検討していますが、その該当場所となっている山林の所有者がつかめず、所有者の了解を得られない状態です。所有者の了解を得ずに進められる方法はありますでしょうか。

A 調査を尽くしても所有者を特定することができない場合には、土地収用法に基づく手続きや、民法の「不在者財産管理人制度」、「相続財産管理人制度」の利用が考えられます。

所有者の了解を得ずに進めるためには法律に基づいた手続きが必要です

山林所有者の相続や転居を契機に、行政庁が山林所有者の情報を把握できなくなるというケースは全国的に増加しており、山林を一体管理するための施策が停滞するといった問題が各地で生じています。国土交通省国土政策局が平成23年に実施したアンケート調査の結果によると、森林が所在する市町村で森林所有者の所在を把握できていない割合は、森林所有者20人に1人程度に上ると推計されるそうです。

ご相談の市でも、このような理由から山林所有者を把握できなくなったのではないかと思います。しかし、私有財産制が認められている日本では、行政庁が山林所有者を特定せず、また了解も得ないままで、その土地上に治山ダムを設置するためには、法律に基づく根拠が必要であり、その手続きも法律に則ったものでなければなりません。

土砂災害対策に関する法令では次のように定められています

土砂災害対策に関する法律としては、①砂防法、②地すべり等防止法、③急傾斜地の崩壊による災害の防止に関する法律（急傾斜地法）、及び④土砂災害警戒区域等における土砂災害防止対策の推進に関する法律（土砂災害防止法）があります。

①砂防法は、山地や河川などの土砂の崩壊や流出を防止・調整するために定められた法律で、都道府県知事は、その管内において砂防設備の工事を施行し、維持・管理する義務を負いま

所有者の了解を得ずに治山ダムの設置を進めるには法律に基づいた手続きが必要（写真はイメージです）

す（5条）。

この法律に関する細かな取り扱いを定めた砂防法施行規程では、所有者が不明またはその所在が不明なときに、行政庁がその土地の所在する市町村長に通知することで、砂防工事を行い得ることが定められています（8条）。ただし、砂防工事を行うことができたとしても、その結果当然に砂防設備を設置してよいというわけではありません。

所有者の了解を得ずに砂防設備を設置するためには、後ほど説明します土地収用法に基づく手続きが必要になります。

②地すべり等防止法は、地すべりやぼた山（岩石や石炭を山積みした山）の崩落による被害を除却・軽減するために定められた法律です（1条）。砂防法と同様に、山林所有者の了解を得ずに地すべり防止施設を設置するためには、土地収用法に基づく手続きが必要になります。

③急傾斜地法は、傾斜度が30度以上ある急傾斜地の崩壊を防止するために定められた法律です（1条、2条1項）。

急傾斜地の崩壊を防止する工事は、一次的に急傾斜地の所有者が行うことになりますが（9条）、所有者が工事を行うのが困難であったり、適当でない場合には、都道府県が代わって施行することもできます（12条1項）。ただし、急傾斜地の所有者が不明の場合にも、「困難」「適当でない」という要件を満たすかどうかは定かでなく、この規定をもって、所有者への通知や了解を得ずに防止工事を実施できると解することは難しいと思います。そして、所有者の了解を得ずに急傾斜地崩壊防止施設を設置するためには、砂防法や地すべり等防止法と同様に、土地収用法に基づく手続きが必要です。

④なお、土砂災害防止法も、その名のとおり土砂災害を防止するための法律ですが、警戒避難

体制を整えたり、危険区域の開発行為を制限するといった、いわゆるソフト対策を講じることを目的とするものです。既に挙げた法律のように土砂災害防止工事や、防止施設を設置するといったハード対策を講じることを直接の目的とするものではありません。

土地収用法では所有者が不明の場合の手続きが定められています

土地収用法は、公共事業のために土地を取得、使用する必要がある場合に、その事業者（土地収用法では起業者と言います）と土地所有者との間で合意ができないときでも、一定の手続きを経ることによって、事業者が当該土地を収用し、または使用することを認めた法律です。

この法律によって土地を収用し、または使用することができる事業は公共性を有するものに限定されていますが、砂防法、地すべり等防止法及び急傾斜地法による各種防止施設に関する事業は、そこに含まれます（3条3号、3号の2、3号の3）。したがって、この法律の手続きを経れば、山林所有者の了解が得られない場合であっても、各種防止施設を設置するために山林地を収用したり、使用することができるのです。

この手続きを進める上で提出が求められる裁決申請書には、土地所有者の氏名及び住所を記載した書類を添付しなければなりません。ただし、例外的に、起業者が過失なく知ることができない事項についてはは記載しなくてもよいとされています（40条2項）。収用委員会が権利取得裁決（土地の収用や使用を認める決定）を行う場合も同様で、補償金を受けるべき土地所有者の氏名及び住所を明らかにしなければなりませんが、確知できないときは、これらを明らかにすることなく裁決することができるとされています（48条4項）。

もっとも、「起業者が過失なく知ることができない」（40条2項）場合として認められるためには、起業者が、登記簿や戸籍簿・住民票の調査、登記名義人や周辺住民への照会、現地調査等により努力をしてもなお知ることができないことが求められると考えられています（「不明裁決申請に係る権利者調査のガイドライン」〈平成30年11月　国土交通省総合政策局総務課〉参照）。

また、国土交通大臣または都道府県知事から事業認定を受けるためには、土地を公益のために収用・使用する「必要」があることが要件となっています（20条4号）。そのため、例えば、対象となる山林地に治山ダムを設置しなければ土砂災害を防ぐことができないことや、代替手段がないことについても回答を求められることになると思います。

所有者の所在や相続人が不明の場合には民法上の制度も利用できます

民法では、従来の住所、または居所を去った者（不在者）の財産について、不在者に代わってその財産を管理する者を選任できる不在者財産管理人制度（25条）が定められています。

不在者財産管理人は、家庭裁判所の許可を得た上で、不在者の財産である土地について使用権を設定することもできます（28条）。そのため、不在者財産管理人が選任されれば、市は、不在者財産管理人と山林地の使用契約を締結し、治山ダム施設の設置を行うことができるようになります。

ただし、不在者管理人の選任は家庭裁判所が行い、選任の申し立ては、不在者の利害関係者や検察官が行うこととされています。利害関係人には、不在者の親族がなることが多いのですが、今回のような土砂災害の危険があるようなケースでは、土砂災害によって被害を受けるおそれのある者（例えば、山林の麓に居住する者）や防止施設を設置する市が利害関係人として認められる可能性もあります。

また、民法には、相続人の有無が明らかでない場合に相続財産を管理する者を選任することができる相続財産管理人制度も存在します（952条）。こちらも不在者財産管理人制度と同様の手続きで選任され、相続財産管理人の権限も不在者財産管理人の場合と同様です。

ご相談のケースで採るべき手段

まずは、登記簿や戸籍簿・住民票等から所有者の調査を行うことが重要です。調査を尽くしても所有者が特定できない場合には、土地収用法に基づく手続きや、民法上の制度を利用することが考えられます。これらの手続きや制度が利用できれば、山林所有者が不明で、了解を得ることができなくても、土砂災害防止施設の設置を行うことができます。

なお、住民の危難が差し迫っているなど、緊急の事態に対処するために措置をとることがやむを得ないといった事情がある場合には、法律上の根拠がない緊急措置も違法ではないとした判例もあります（最高裁平成3年3月8日第二小法廷判決）。本件で、このような緊急性が高い事態であるかどうかは、現場の状況を詳細に把握した上で慎重に検討する必要があります。判断される際には弁護士にご相談ください。

Q 伐採契約期間を過ぎた場合の林地残材の所有権は誰にあるのでしょうか。

最近、素材生産業者や森林組合（林業事業体）が、「林地残材は誰の所有物か?」と議論しているのをよく耳にします。通常、林業事業体は、森林所有者と、立木購入の契約を結びます。その契約書には、立木の伐採・搬出が認められる期間が1年～2年と定められ、また、「立木を伐採・搬出し、伐採跡地を森林所有者に返還する」と書かれるのが一般的なようです。

このような契約は、林業事業体が、森林所有者から一定期間の伐採権（あるいは森林利用権）を購入したことになり、その期間が過ぎれば、伐採権（利用権）は消滅することになると考えられてきました。

林業事業体は、今まで、契約期間中に立木を伐採して、お金になる木材のみを搬出し、お金にならない林木は、残置したままにしていました。ところが最近は、契約期間を過ぎた後になって、「自分が買った山だから林地残材も自分のものだ」と主張して、木質バイオマス発電の燃料用として残材を搬出するケースが増えています。これに対して森林所有者は、契約期間が切れているから林地残材は自分の所有物だと反論します。

こうした問題が生じている背景には、木質バイオマス発電により収益を上げられるようになり、これまで無価値だった林地残材が、燃料として「有価物」になったことが指摘できます。今後、「有価物」が誰のものなのかという紛争は、木質バイオマス発電がさらに本格稼働するにつれ、増えていくことが予想されます。

伐採契約期間を過ぎた後の林地残材の所有権は、森林所有者にあるのでしょうか。それとも、素材生産業者や森林組合にあるのでしょうか。ご教示ください。

A **確定的には言えませんが、林地残材の所有権は、森林所有者にあるのではないかと考えられます。**

本件の問題点は何か

ご相談の内容を一言で要約すれば、「契約書はあるが、契約の内容をどのようなものと理解すればよいか」ということだと考えられます。そのことは、ご相談の文章にもよく現れていると思います。ご相談の文章には、

①まず、「通常、林業事業体は、森林所有者と『立木購入の契約』を結びます」という表現が現れます。

②続いて、「その契約書には、『立木の伐採・搬出が認められる期間が1年～2年』と定められ」という表現が現れます。

③また、「このような契約は、林業事業体が、森林所有者から『一定期間の伐採権（あるいは森林利用権）を購入』したことになり」という表現が現れます。

④さらに、林業事業体側の言葉として、「自分が買った山だから」という表現も出ています。

契約書そのものを見ていないので、はっきりしたことを申し上げにくいのですが、右の①な

らば、林業事業体は『立木を購入した』のですから、ある範囲に植わっている立木は林業事業体の所有になったということになりそうです。しかし、④だとすれば、購入したのは立木ではなくて、『山そのもの』なのかも知れません。

また、③ならば、林業事業体は『一定期間の伐採権を購入した』だけですから、立木の所有権まで得たわけではない、ということになりましょう。①、または④なのか、③なのか、はっきり決めることができない原因は、②の期間の定めということになるでしょう。なぜなら、所有権には1年～2年という期限を付けることはできないからです。

以上のように、不明確な契約の内容を、どのような内容と確定的に理解したらよいか、というのが今回のご相談だと考えました。

契約は、当事者の意思で内容が決まる

わが国においては、契約は、書面にしていなくても口頭の合意で成立するものとされています。口頭による場合はもちろんのこと、契約書として書面が作成されていても、その内容が不明確な契約は、たくさんあります。そのような場合には、契約当事者の言い分が往々にして対立し、最終的には裁判所が契約の内容はどのようなものかを判断することになります。

裁判所は、契約の内容を、契約当事者の意思を合理的に推認することによって判断しています。推認の根拠となるのは、

i　契約書があれば、当然その書面
ii　契約締結当時の事情

の2つです。それら根拠となる資料から、本件でいえば、林業事業体と森林所有者が、契約締結当時に、林地残材をどのように扱うことにすると考えていたのかを推認し、林地残材の所有権がどちらにあるかを判断するのです。

ここで大切なことは、契約内容は、契約締結時に確定するということです。当事者の意思が合致した内容を特定・確定し、相互にその内容を遵守することにするのが契約ですから、契約締結後の事情により、契約当事者の意思に関係なく、契約内容が変更になるということは、通常ありません。

本件における当事者の意思をどのように推認するか

それでは、具体的に、本件における林業事業体と森林所有者がどのような意思をもって契約したのかを考えていきたいと思います。

問題は、

①当事者は、立木（または山）を売買したのか。

②立木を伐採・搬出できる期間を限定したのは、どういう訳か（契約書を見ていませんが、ご相談の内容から期間が限定されていたとします）。

の2点だと考えます。

まず、山そのものを売るということは通常考えにくいので、立木だけに限定して考えてみます。立木を売買したのか否かは、契約書を見れば明らかになるでしょう。しかし、森林所有者は、「立木の伐採権」を売るつもりで、単に「立木」と契約書に記載したのかも知れません。森林所有者が契約書という書面の作成に不慣れな場合には、そのようなことも起こり得ます。

それでは、林業事業体が買った権利にどういう訳で期限の定めが付されたのでしょうか。もし立木そのものを買ったならば、立木の所有権は確定的に林業事業体に移転し、林業事業体はいつまでも立木を伐採・搬出できるはずですから、期限の定めをすることは矛盾していると思われます。林業事業体は契約書の検討能力を有していると思われますから、そのような不可解な内容の契約を締結するとは考えにくいと言わなければなりません。

また、森林所有者は、1年～2年という期間経過後に、自分の所有山林に、自分に処分権限のない他人の立木が残置されることがあるという事態を予想していたとは思われません。

さらに、契約締結当時、ご相談の林地の付近一帯で、どのようなやり方が一般的だったかも重要な契約締結当時の事情になります。経済的価値がないと判断されて残置された立木が森林所有者と林業事業体いずれの所有となるかについて、付近の森林所有者や林業事業体に共通認識があったのなら、それも参考にして判断せざるを得ません。おそらくこれまでと同じようなやり方をするということで、これまでと同じ内容の契約書を締結したというのが実態なのではないでしょうか。

以上のようなことを総合判断すると、どうやら林地残材の所有権は、森林所有者にあるということになるのではないかと思われます。

今後のトラブル防止について

ご相談への回答は、以上のとおりですが、今後再生可能エネルギー源による発電を普及促進するために木質バイオマス発電が盛んになり、本件相談のような紛争が多発するのではないかということです。そのような事態を避けるためには、右に述べたことからも十分おわかりいただけるように、契約書の内容に疑問が生じないようにきちんと作成することが極めて重要です。

現場の実務と契約書の記述に相違はないか、また、これまでのトラブルの経験からして条文化すべきと考えられる事項はないか、再検証しておくことをお勧めします。

Q 財産区有林に勝手に出入りして山菜狩りやきのこ狩りをする人が年々増えて困っています。

私たち集落で管理している財産区有林は典型的な里山林であり、昔から集落で山菜やきのこの収穫が行われてきました。ところが、山菜やきのこを勝手に収奪する地域外の者が年々増加しており、なかには業者とおぼしき者も見られます。これまで「山菜・きのこ採取禁止」の看板を立て、見かけた場合は直接口頭で注意してきましたが、ほとんどが聞く耳を持ちませんし、逆上して食って掛かってくるケースもあるほどです。集落では、毎年の収穫を維持するため、暗黙のルールとして各自採り過ぎに配慮してきましたが、節操もなくことごとく採り尽くされる現状にいよいよ怒りが限界に来ています。

そこで、こうした不届き者を排除するためには、どのような法律的な対抗手段があるのか、どのような手順を踏めばよいのか、ご指導いただきたく存じます。

A **まずは現実的な防止策を講じ、それでも効果がないときに法的な手段を採るかどうかを考えてください。**

はじめに

これまで「山菜・きのこ採取禁止」の看板を立て、見かけた場合は直接口頭で注意するなどしてこられたのに一向に効果がなく、勝手に区有林に入る者が後を絶たず、中には業者とおぼしき者も混じっているとのことで、さぞお腹立ちのことでしょう。特に、収穫の維持など考慮もしないで採り尽くすのではないか、ということになると、大問題です。この状態を何とかしたいとお考えになるのは、当然のことだと思います。

どのような事態と考えるべきか―世の中の実情

ご相談は、勝手に区有林に入り込んで山菜やきのこを採っていく者を排除するための法律的な対抗手段を教えてもらいたい、ということだと理解しました。

世の中には、相変わらず「酒を飲んで自動車を運転する者」「オレ、オレと電話をかけて老母を騙す者」「若い女性のスカートの中を盗撮する者」「万引きをする者」などが後を絶ちません。それらの行為は、いずれも道路交通法、刑法、迷惑防止条例などで禁じられている行為であり、現実にも警察に逮捕されたり、新聞で報道されたりしているにもかかわらず、なくならないのです。

社会的なモラルが低下し、迷惑をかけられた人が困ったり、悲しんだりすることに鈍感になって、我が儘を我が儘とも思わず、自分の権利だと言い張るような人（モンスター・ペアレントなどが代表的です）が増えているように思うのは私だけではないでしょう。右に挙げたような人たちに対しては、法の定めがあることをいくら説いて聞かせても、効果はないと思われます。

ご相談の事例も右のような世の中の実情の例外ではなく、区有林に勝手に入り込んだ不届き者はあなた方の注意にほとんど耳を傾けず、中には逆上して食って掛かってくる者も出てくるのでしょう。嘆かわしい事態です。これからどのような法的対抗手段があるのか検討しますが、以上述べた世の中の実情の中で対応せざるを得ないことをまずご理解いただきたいと存じます。

万引きに対する対処の方法

ご相談の事例と一番近いのは、「万引き」の事例でしょう。万引きの被害に悩まされているスーパーマーケットや書店は、どのような防止策を講じているでしょうか。防止策としては、①巡回警備員を配置して「見える防止策」を講ずる、②万引き犯捕捉専門の専従者を配置して「現行犯を捕捉する」、③②で捕捉した万引き犯が悪質な場合には、警察に引き渡して処罰を求める、というようなものが考えられます。これらの防止策はいずれも現実の行動によるもので、法律的な対抗手段と呼ぶにはいささか距離があります。年間の被害額が相当高額になる万引きへの対抗策としても、考えられるのはこの程度なのです。法的な手段というのは、警察への引き渡し後に始まる刑事裁判、または別に提起する民事裁判を待つ以外にありません。

本件への対処方法

以上のことからおわかりいただけたかと思いますが、法的な対抗手段というのは、「実際に事が起こった後にしか」発動されないのです。法律は万能ではないということをよくご理解ください。その上で、対処方法を考えてみます。

1　現実の行動としての対処策

①看板の記載内容や表現方法、掲示する位置などをよく研究し、誰でもが山菜やきのこを勝手にとってはいけないことに気がつくように工夫する。

②里山ということですので無理かも知れませんが、山へ入る道に門や柵を設けて物理的に入れ

なくする。
③見回りを頻繁に行って注意喚起をする。
④警察とよく連繋し、不届き者が現れた場合にはすぐ駆け付けてもらう。不届き者だと言えるようにするには、①に述べた看板の表示がわかりやすいものであることが必要でしょう。

2　法的な対処策

①引渡請求　山菜やきのこは山林を所有している財産区のものですから、これを無断で採取することは許されません。財産区は、無断採取者に対しそれらを引き渡すよう求めることができます。
②損害賠償請求　財産区が金銭的解決を望む場合は、無断採取者に対し損害賠償を請求することもできるでしょう。ご注意いただきたいのは、立看板に「…した場合には、罰金5万円を科す」などと書いてもそのとおりにはならないということです。罰金は刑罰ですから、民間人には罰金を科す権限がありません。また、実際に相手に支払わせることができるのは、採取された山菜・きのこの価格相当額であって、こちらが勝手に決めた金額ではないのです。
③警察への通報　山菜・きのこの無断採取は森林窃盗罪に当たる犯罪で、「三年以下の懲役又は三十万円以下の罰金」に処せられます（森林法197条）。過去の報道によれば、逮捕され

たケースもあるようです。

通報を受けて警察が駆け付ける間に不届き者が逃げることもあるでしょうから、警察によく相談して手順を決めておくのがよいと思います。

3 そのほか注意が必要なことがら

法的な手段を採る場合に備えて、証拠として無断採取現場の写真やビデオ撮影をしたり、無断採取者の住所や氏名を聞いたりしたくなることもあるでしょう。しかし、撮影に気づいた不届き者が逆上して食って掛かってきたり、場合によっては危害を加える可能性もありますので、それらのことは警察官に任せるのが安全です。そのためにも、警察によく実情を説明し、いざというときに速やかに対処できるよう綿密に相談しておく必要があると考えます。

Q 隣地から竹が侵入して困っていますが、隣地の所有者に対応を要求することは可能ですか。

私の家の裏山のことで相談です。裏山の隣地山林が放置状態で竹藪化が進んでいます。裏山が竹林化するのを防ぐために毎年敷地内に侵入してくるタケノコを折り倒すのに大変な手間を掛けています。隣地の所有者は県外の方で面識がありませんが、この所有者に竹の侵入を防ぐための対策を要求したいと考えております。そのようなことは法律的に可能なのでしょうか。

A 可能です。隣地の所有者に、隣地所有者の費用負担でタケノコの基になる地下茎の侵入を防ぐための具体的な措置をとるよう要求することもできます。

1 敷地内に侵入してくるタケノコを勝手に折り倒してよいか

あなたは、毎年あなたの裏山に侵入して生えるタケノコを折り倒すのに大変な手間を掛けておられるとのことです。ご質問にお答えする前に、敷地内に侵入してくるタケノコを勝手に折り倒して大丈夫なのかというところから考えてみましょう。

①植物が越境している場合の法律関係

隣り合う土地の所有者の間では、境界線を越える植物が原因でトラブルになることが想定されます。そこで、民法には、そのような場合に備えて次のような定めが置かれています。

まず、民法233条1項は、「隣地の竹木の『枝』が境界線を越えるときは、その竹木の所有者に、その枝を切除させることができる。」と定めています。また、同条2項は、「隣地の竹木の『根』が境界線を越えるときは、その根を切り取ることができる」と定めています。なぜ、枝と根で扱いを変えているのかについては、次のような説明がされています。(ア)根と比較して枝の方が高価な場合が多く、所有者に植物全体を植え替える機会を与えるべきである、(イ)枝は所有者が自分の敷地内にいながら切断できるのに対し、根は隣地に入らなければ自分で切断することが難しい、という2点です。その他に、(ウ)枝よりも根のほうが、侵入された側の土地の他の植物などに直接的な影響を及ぼしがちであるということも理由として挙げられるでしょう。

②タケノコは枝か根か

右に述べたように、根であれば勝手に切り取ることができますが、枝であればそうはいきません。タケノコは「竹の地下茎から出る若芽」だそうで(広辞苑)、「枝」なのか「根」なのか、よくわかりません。地下に埋まっている部分があることを考えると「根」のようですが、成長すると竹そのものになるということに着目すると「枝」とも言えそうです。

先に述べたような理由で枝と根が区別されていること考慮すると、民法233条の適用に当たっては、両土地の境界線上やその上空を通って隣地に侵入しているものは「枝」と考え、地下を通って隣地に侵入しているものは「根」と考えればよいと思います。そうすると、あなた所有の裏山に生えたタケノコは、地表から地上に頭を出していようと地下にもぐったままの状態であろうと、境界線上やその上空を通って侵入しているとは到底言えませんから、「根」と考えればよいということになりましょう。したがって、民法233条2項に基づいて、あなたは、タケノコ及びタケノコが生える基となった地下茎を勝手に切除することができます。

ところで、この切除に要した費用については、よほど多額の費用を要した場合を除き、基本的には隣地所有者に請求することはできないと思われます。地域によっては、放置竹林問題への対処のために、竹やタケノコの除去に関する援助制度などが設けられているところがあるようですので、地元の自治体に尋ねてみてはいかがでしょうか。

もし、隣地所有者が「勝手に切除するなんて違法だ」と文句を言ってくることが心配な場合や、自分で切除費用を負担するのが困難な場合には、あなたは、自分で切除するという方法を採らずに、隣地の所有者に対して切除を請求することもできます（このような請求をする権利を「所有権に基づく妨害排除請求権」と言います）。

2　今後の予防措置について

以上、すでに侵入してきたタケノコについてあなたができることを述べてきましたが、タケノコの繁殖力はすさまじいものがあり、侵入してきたものを切除するだけでは対策として不十分だと思います。隣地の所有者に対して、地下茎が侵入してこないよう予防措置を求めることができればそれが一番です。竹の地下茎は、地表から30cm程度の深さに最も多く存在します。タケノコがあなたの裏山に生えないようにするには、境界線の地中50cm程度の深さまで、竹の根や茎に突き破られない材質の板（トタン等）を埋め込むのが有効とされています。そこで、隣地の所有者に対して、隣地の最も境界線寄りの部分に板を埋め込むことを求めてはいかがでしょうか（このような請求をする権利を「所有権に基づく妨害予防請求権」と言います）。

3 隣地所有者が要求に応じないとき

もし、隣地の所有者が1②や2の要求に応じない場合には、訴えを提起して、隣地の所有者の費用負担で強制的にこれらの対策を実現することができますが、そのような方法を講ずることにしようとお考えなったときは、お近くの弁護士にご相談なさってください。

損害賠償と損失補償

Q 台風によって県道に倒れた枯木に、県道を通行する自動車が激突しましたが、森林所有者に賠償責任はありますか。

私は山林を所有しておりますが、この度の大型台風の影響で枯木が隣接する県道へ倒れました。この倒木に県道を通行する自動車が激突する事故が発生しました。幸い運転手にケガはありませんでしたが、自動車は破損しました。このような場合、森林所有者には自動車の修理費を補償する義務が発生するのでしょうか。

A ご相談の事例では、賠償責任が生ずる可能性は低いと思われます。

考慮すべきことがら

ご相談の事例において考慮すべきは、次の点だと思われます。

①倒れた枯木が県道に隣接する位置にあったこと。
②倒木の原因が大型台風であったこと。
③走行する自動車が倒木に激突したこと。

倒木による被害に関連する法律の定め

民法717条2項は、「竹木の栽植又は支持に瑕疵《かし》がある場合」には、竹木の占有者は、被害者に対する損害賠償義務を負うと定めています。

「竹木」には、植林も天然林も含まれますので、今回倒れた枯木は「竹木」に該当することになります。

次に、「栽植又は支持に瑕疵がある」とは、竹木が存在している状態が通常有すべき安全性を欠いている状態にあることを言います。これだけでは具体的にどのような場合のことなのかよくわかりませんので、次の項でもう少し詳しく検討しましょう。

「占有者」とは、具体的にその物を所持し管理している人のことを言います。他人に貸して自由にさせている等の事情がなければ、所有者が占有者ということになります。

山林にある樹木が通常有すべき安全性とは

山林が備えるべき共通の安全基準というものはありません。個々の事例ごとに事情を考慮して、「通常有すべき安全性」を備えていたか否かを判断することになります。

①責任があるとされた事例

平成15年8月に、青森県にある十和田八幡平国立公園内の奥入瀬渓流に設けられた遊歩道に天然のブナの木の枯れ枝が落下し、観光客を直撃した事故がありました。東京高等裁判所は、一般論として「生立する自然的、社会的な状況に照らして、その有すべき安全性の程度を判断することが必要である」と述べた上で、奥入瀬渓流は日本有数の自然観光資源であること、観光客が自然と親しむことは国の施策としても推奨されていたこと、枝が落ちたブナの木の脇にはベンチがあるのだから落木・落枝による人への危害が及ばないように維持・管理すべきであるのに、立ち枯れに近い状態のままにしていたことなどから、「通常有すべき安全性」を備えていなかったと判断し、国の賠償責任を認めました（平成19年1月17日判決）。

②責任がないとされた事例

田の耕作者が風で倒れた立木の下敷きになって死亡するに至った事故で、大阪高等裁判所は、「その立木が生立している状況の社会的な意義に照らして判断されるべきである」と述べた上で、山林・原野では立木が枯れて倒れるのは初めから予定されて容認されているのであって、ここに近づく人のほうが気をつけるべきであるところ、風で倒れた立木のある山林に出入りしていたのは被害者である耕作者と山林の所有者だけであり、被害者のほうが倒れそうな木には近づかないようにして気をつけるべきだったとして、山林の所有者は責任を負わなくてもよいと判断しました（昭和53年7月27日判決）。

ただし、それに加えて、大阪高等裁判所が、「街道筋に面した位置にある立木については、街道を通行する車や人は、道端の立木の倒壊によって危害を受けることはないと信頼して道路を利用しているので、高い安全管理が求められる」と述べている点は、注意すべきです。

倒木の原因が大型台風にあることについて

ご相談の事例では、所有する山林の枯木が県道に倒れてしまったということでした。県道を通行する人や車は、道路脇の立木は倒れてこないと考えているといってよいでしょうから、あなたの所有山林は通常有すべき安全性がなかったのかも知れないという疑問がわきます。しかし、山林の所有者は、大型台風でも立木が倒れないように注意していなければならないのでしょうか。

今回は、大型台風が襲来したということですから、おそらく被害は甚大で、倒木も相当あったのだろうと想像されます。そうであれば、あなたの山林の倒木も、あなたが山林の維持・管理を怠ったから生じたものとは考えられず、維持・管理に不適切なところはなかったと判断されるでしょう。反対に、もし今回倒れた木以外には倒木はなかったような場合には、瑕疵があるということになるでしょう。

なお、枯木は倒れやすいものです。枯木については、所有者の管理責任は高いものになると考えておいたほうがよいでしょう。

走行する自動車が倒木に激突したことについて

倒木が生じ、その木に走行中の自動車が激突したという事故のようですが、その付近を大型台風が襲ったことは、県道を走行する運転手は皆知っていたはずでしょう。民法７２２条２項は、「被害者に過失があった時は、裁判所は、これを考慮して、損害賠償の額を定めることができる」と定めています。これを「過失相殺」と言いますが、加害者側が損害賠償義務を負うことを前提に、被害者にも落ち度がある場合には、賠償額を減額することができるという定めです。

ご相談の事例では、大型台風によって生じた倒木の後片付けが終わらないうちに、あえて林間にある道路を選んだことを考えれば、運転手は、県道を通行することの危険性をちゃんと判断していれば倒木を避けることができたと言えると思います。ですから、仮にあなたの側に山林の維持・管理に瑕疵があると認められる場合にも過失相殺がなされ、支払うべき損害賠償額が減額されると考えます。

Q 幹線道路を塞いだ倒木をやむを得ず町の費用で撤去したところ、後日、倒木の所有者から弁償を求められて困っています。

台風により幹線道路に面する山林の樹木が倒れ、市道を塞ぎました。山林の所有者に再三連絡を取りましたが連絡がつかず、生活道路として利用する住民から早期の倒木撤去を求められました。道路の安全もあわせ考慮すると、倒木を撤去するほかないと判断し、やむを得ず町の費用で倒木を撤去しました。また、倒木の置き場所が確保できないことから業者に処分を委託しました。

ところが、後日、倒木の所有者から、処分された倒木は70年生の優良木で風倒木とは言えそれなりの価格になったはずだという理由で、弁償を求められました。この場合、町に賠償義務があるのでしょうか。逆に、こちらが風倒木の撤去と処分に要した費用を所有者に請求できるのではないかとも考えますが、いかがなものでしょうか。

A

民法上の「事務管理」に該《あた》るので倒木について弁償する必要はなく、倒木の所有者に対して撤去・処分に要した費用の請求ができると考えます。

はじめに

ご相談の事例のように障害物が道路を塞いでしまいますと、道路の利用に支障を来すだけでなく、安全面でも大いに問題があります。そのため、道路の管理、保全について定めている道路法は、なんぴとも正当な権限なく道路上に障害物を置いてはならないと定めています。もし、道路上に障害物がある状態になった場合には、道路管理者（国、都道府県または市町村）は、障害物の所有者に対し、道路法に基づいて障害物の撤去・処分を命じることができます。さらに、撤去を命じられた者が命令に従わない場合には、行政代執行法という法律に基づき、道路管理者が障害物の所有者に代わって障害物の撤去・処分を行うことができることになっています。

ご相談の事例では、町は、行政代執行法に基づいて倒木の処分を行ったわけではないようにお見受けします。そうしますと、いかに行政機関といえども、他人の物を勝手に処分することは許されないのが原則ですので、町は、山林の所有者に倒木の価格を弁償する必要があるようにも思われます。しかし、山林の所有者に連絡がつかないという状況で、付近住民の生活確保、道路の安全を図るためにやむを得ず倒木を処分した町が、撤去義務を負っていた山林所有者に弁償しなくてはならないというのは、常識的に考えてあまりに不合理と言えましょう。

そこで、法律上、町の行為が適法と言えるかが問題となりますが、行政機関が行政代執行法に基づかないで他人の物を処分した場合について明確に定めた法令がなく、また裁判例も見当たりません。そのため、このような場合については、「緊急避難に該るから町には責任がない」とか「町の行為は自救行為と認めてよい」とか「町の行為は事務管理に該る」など、いろいろな考え方が示されています。

以下では、そのうちの1つの考え方である、「事務管理」(民法697条~702条)という法律構成を採ることができるかどうかをご説明します。

処分した倒木を弁償する必要があるか

①事務管理とは、法律上の義務なく、他人のために、その他人の「事務」を処理することを言います。ここで言う「事務」とは、生活上意義のある一切の仕事を言うとされています。ご相談の事例で町が行ったことは、道路を塞いだ倒木を撤去することにより市道を利用可能で安全な状態にすることです。これは、生活上意義のあることが明らかですので、「事務」に該ります。

②また、「管理」とは、「事務」の目的を実現するために適した行為を言い、処分行為も含まれるとされています。ご相談の事例では、所有者に連絡がつかず、しかも倒木の置き場所が確保できなかったとのことですから、倒木を撤去し、おそらく著しく損傷して市場価値が認められなくなっていたであろう倒木を処分したことは、①に述べた「事務」の目的を実現するために適した行為と言えるでしょう。

③次に、事務管理は「他人のために」、すなわち他人の利益を図る意思をもって行わなければなりません。先ほどご説明しましたとおり、倒木を撤去・処分して市道を利用可能で安全な

状態にすることは、本来、障害物である倒木の所有者が行うべきことです。これを、撤去義務を負っていない町が代わりに行ったのですから、町は、倒木所有者のために行ったと言ってよいと考えます。

④もっとも、事務管理は、他人の意思に反するか、または他人にとって不利になることが明らかな場合には成立しません。そこで、倒木の所有者が、倒木処分は自分の意思に反する、または自分にとって不利になることが明らかであったと反論することが予想されます。

しかし、反論が正当か否かは、事務管理当時の事情により判断されます。ご相談の事例では、所有者に再三連絡をしたにもかかわらず、連絡がつかなかったのですから、倒木の処分当時、町が所有者の意思を知ることは不可能です。また、倒木の撤去は所有者の意思に反していないことは明らかでしょうし、倒木の置き場所が確保できなかったという事情を考慮すると、倒木の処分についても所有者にとって不利になることが明らかだったとは言えません。

⑤以上のとおりですから、町による倒木の撤去・処分は「事務管理」に該り、適法であって、町が所有者に対して弁償する義務はないと考えます。

倒木の撤去・処分費用を山林の所有者に請求できるか

①それでは次に、町が倒木の撤去・処分費用を所有者に請求できるかどうかをご説明しましょう。事務管理を行った者は、他人（ここでは倒木の所有者）に対し、事務管理にかかった費用を請求することができます。したがって、ご相談の事例でも、町は、倒木の撤去と処分にかかった費用を山林の所有者に請求できます。

②もっとも、本人の意思に反して事務管理をしたときは、本人は、現に利益を受ける限度で費用を支払えば足りると民法は定めています。そこで、倒木の所有者は、仮に事務管理が成立するとしても、倒木の処分は自分の意思に反するので、現に利益を受けている限度でしか費用を支払わない、と反論することが考えられます。

しかし、倒木所有者の意思が判明したのは、事務管理が完全に終わった後のことです。それ以前には、町は、事務管理行為はおそらく倒木所有者の意思に反することはないだろうと考えていたことでしょう。このような場合にまで、本人の意思に反した事務管理だと主張できるかは甚だ疑問であり、そのような主張は許されないというのが、筆者の個人的見解です。

また、倒木の所有者は、いずれにしても倒木を撤去しなければならず、倒木が損傷していて市場価値が認められなかった場合には、その処分をしなければならなかったはずです。倒木の撤去と処分には相当の費用を要するところ、町が代わりに撤去・処分したことで、倒木の所有者は、それらに要する費用の負担を免れたという「消極的利益」を得ています。したがって、倒木の撤去と処分の必要性を写真などで証明することによって、町は、撤去・処分に要した費用を所有者に請求できると考えます。

最後に

最初にご説明しましたとおり、ご相談の事例では、法律上、いろいろな考え方があり得ます。もし、今後、倒木の所有者に対して費用の償還請求をしようという場合には、ご説明した考え方を参考にされつつ、専門家に詳しい事情をお話しになり、十分にご相談になることをご検討いただきたいと思います。

Q 所有山林の土砂崩れにより、住宅災害が起きたときの責任について教えてください。

近年、全国各地でゲリラ豪雨など異常な降雨による山地災害が増え、大規模災害により甚大な被害の発生が多くなってきました。当家の所有山林の一部も宅地化が急速に進んだ住宅地のすぐ裏にあり、豪雨による被害のニュース映像は、他人事ではないと大変憂慮しております。そこで質問なのですが、もし、かつて経験したことのないような豪雨が発生し、所有山林が土砂崩れを起こしてその下の住宅に被害を及ぼした場合、所有者としてどのような責任を問われる可能性があるのでしょうか。また、今できることとして、法律的にどのような対応をしておくべきなのか、何かよいアドバイスがありましたら教えてください。

A

現在、土砂崩れの現実的な危険を感じているならば、損害賠償義務を負うことになる可能性があります。未然に被害を防止できるよう、今から、地方自治体に土砂災害対策について相談してみてはいかがでしょうか。

はじめに

平成26年8月の広島市の土砂災害では、緑の山肌に、爪痕のような鋭い傷がいくつも残るほどの激しい土石流が発生し、多数の建物が土砂にのまれて破壊され、たくさんの人々が亡くなりました。気象庁のウェブサイトによると、この土砂災害が起きた8月19日、広島市安佐北区三入地区において、1時間降水量の最大値101・0㎜、3時間降水量の最大値217・5㎜という極めて激しい雨が降ったそうです。

一度このような事態が生じたのですから、またいつかどこかで同じような災害が発生するかもしれません。そのような事態に備えてどのような心構えでいるべきか、というのが、ご質問の趣旨だと理解しました。ご心配のことについては、

①土砂崩れの具体的な危険が考えられない場合

②土砂崩れの可能性が具体的に考えられる場合

の２つに分けて検討する必要があると考えます。

①土砂崩れの具体的な危険が考えられない場合

(1)土砂災害による被害としては、家屋の損壊、人身被害、そして、土砂の堆積により土地利用ができなくなるという事態が想定されます。

被害者となってしまった方々としては、被害の発生に何らかの原因を与えた相手方に損害賠償の請求をすることにより、被害を回復したいと考えることがあると思います。このような場合には、通常は、民法７０９条の「不法行為による損害賠償」の請求をすることになります。不法行為による損害賠償請求は、相手方に、故意または過失があることが必要になり

ます。ここにいう「過失」とは、結果が生じることが具体的に予見でき、その結果を生じることを防止すべきだったのに、そのようにしなかったことを言います。

ご相談者は、「かつて経験したことのないような豪雨」の時のことを心配しておられますが、山林の傾斜がそれほどではなく、崩落や土砂崩れの兆候も見られないとか、公的な機関から危険性の指摘もないような場合には、その雨でご相談者の山林の土砂崩れが起きる可能性があるとは予測できないと思います。そうであれば、そもそも、個人が、かつて経験したことのないような豪雨による土砂崩れに備えて防止策を施しておくなどということは、およそ考えられません。したがって、記録的な豪雨によって、万が一土砂崩れが起きたとしても、「不可抗力」によるものと考えられ、不法行為責任は否定されると考えます。不可抗力によって生じた損害については、賠償責任を負うことはないというのが法的な考え方だからです。

(2) 被害者による法的請求としては、「所有権に基づく妨害排除請求権」というのも考えられます。例えば、知らない人が他人の所有地に勝手に車を停めている場合、土地の所有者は、車を移動するよう求めるでしょう。このような要求が所有権に基づく妨害排除請求です。土砂崩れによって土砂が他人の土地に堆積してしまった時も、同じようにその土地の所有者は土地利用を妨げられますから、「所有権に基づく妨害排除請求権」を行使することを考えるでしょう。

　しかし、全く防止することのできないような事態に対してまで妨害排除請求が認められてしまうのは、酷に過ぎると思います。法は、抗えない事象に対してまで人に責任を負わせることはできません。「不可抗力」による事態に対しては、妨害排除請求は認められないと考えられています。所有権に基づく妨害排除請求権については、拙著・林業改良普及双書No.190『『現代林業』法律相談室』（全国林業改良普及協会）〈損害賠償と損失補償〉の項でも詳しく説明していますので、そちらもご参照ください。

　なお、山林においては、倒木や枯枝の落下により人がケガをする事故が時々起こります。このような場合に、竹木が「通常有すべき安全性」を欠いていたときは、人工林または自然林の区別に関係なく、山林の所有者に過失がなくても、その所有者が、民法717条2項により損害賠償の義務を負うことがあります。ところが、土砂崩れは、竹木の管理の問題というよりは、山林そのものの管理の問題ですから、この条文の適用があるとは考えないでよいと思います。竹木の栽植、または支持に瑕疵がある場合のことについては、前掲94頁のご相談で説明していますので、そちらをご参照ください。

②土砂崩れの可能性が具体的に考えられる場合

(1)ご相談者の山林が、法律の定めによって「急傾斜地崩壊危険区域」に指定されている場合や、指定が検討されている場合、またはご相談者の山林の土留めが崩落しそうな状態にあるなど、土砂崩れが起きる危険が具体的に予想される場合には、先に述べた「不可抗力」という考え方を持ち出すことができません。このような場合には、山林の所有者として何らかの対策を講じないと過失があると判断されて、不法行為に基づく損害賠償義務を負うことになる可能性があります。

「急傾斜地の崩壊による災害の防止に関する法律」については、前述同様『現代林業』法律相談室』〈紛争予防と解決法〉の項で解説していますので、そちらもご参照ください。

(2)場合によっては、山林の下方の住宅地の住民が、被害発生の具体的危険性があるのに被害を未然に防ぐ方策を講じていないという理由で、ご相談者に対して、「所有権に基づく妨害予防請求」として何らかの工事をするよう求めることも考えられます。土砂崩れによる被害は甚大ですので、求められる防止対策も大がかりになり、費用がかさむことになるでしょう。

しかし、予想される危険はご相談者の行為から生じたものではなく、いわば自然災害というべき偶発的な事態と考えられます。このような危険に対して妨害予防請求権が行使された場合には、被害防止措置に要する費用は、措置を講ずる義務者と予防措置によって利益を得る者が応分の負担をするという考え方が示されていますので、ご参考までに申し添えます。

今できることは何か

広島市が経験した甚大な土砂災害を見て、山際の住宅地の住民のみならず、山林所有者の中にも、不安に思っている方が多くいると思います。しかし、最も切実に問題に向き合っているのは、豪雨災害の危険がある山林を抱えた地方自治体だと思われます。そこで、もし、ご相談者が所有山林が土砂崩れを起こす可能性があると心配しておられるのであれば、山林が所在する地方自治体に出向き、被害防止についてどのような対策を講ずるべきかをご相談になるのがよいと思います。相談を受けた自治体は、付近住民の意見を聴く機会を設けるかも知れません。そのようなご相談者の真摯な姿勢は、結果回避のための努力をしているとの評価に繋がるでしょう。その評価は、万一被害が生じてしまって法的紛争になったときには、ご相談者に限りなく有利に働くことでしょう。

Q **森林作業道の通行を禁止するための看板とチェーンを設置したところ、オフロードバイクの運転手がチェーンに引っかかりケガをしました。この場合の責任の所在はどこにあるのでしょうか。**

私の所有山林に設置された森林作業道において部外者の出入りが時折見られ、事故や不法投棄、林産物等の収奪などが心配されたことから、入り口に通行禁止の看板と侵入を妨げるチェーンを設置しました。ところが先日、ツーリング目的のオフロードバイクの運転手がチェーンに気付かず転倒する事故があり、ケガをした者からその責任の所在は私にあると賠償を要求してきました。本当に私に責任があるのでしょうか。

A **事故が発生しないよう十分に注意してチェーンを設置したと言えなければ、民事上の賠償責任を負うことになります。**

もし友人がケガをしたら

もし、あなたの友人が同じようにどこかの森林作業道をバイクでツーリングしていてチェーンに引っかかってケガをしたとしたら、あなたはどう思われるか想像してみてください。ケガをする人が出ないように、チェーンを設置してあることがよくわかるように、山林所有者に十分注意して欲しかったと思われるのではないでしょうか。

チェーンの設置は、部外者の侵入を防ぐために必要である反面、設置の仕方によっては人に危害を生じさせてしまうことにもなりかねませんから、設置に当たっては十分な配慮が必要だと考えられます。そのような配慮を払わないまま漫然とチェーンを設置したような場合には、チェーンの設置が原因となる事故について民事上の賠償責任を問われることになりかねません。

民事上の責任

民事上の責任を検討する場合には、通常は、①契約関係にある者同士のときは債務不履行責任、②何の契約関係にもないときは不法行為責任を検討することになります。ご相談の場合は、あなたとケガをした人との間には何の契約関係もありませんので、不法行為責任があるか否かを考えることになります。不法行為については、民法に「故意又は過失によって他人の権利又は法律上保護される利益を侵害した者は、これによって生じた損害を賠償する責任を負う」という定めがあります（民法７０９条）。

「故意又は過失」とされていますから、責任を負うのは、故意（わざと結果を発生させた場合）があるときはもちろんのことですが、過失（不注意により結果を発生させたという場合）があるとされるときも含まれます。ご相談の場合には、過失があるかどうかが問題とされることになります。過失がないと言うためには、ケガという結果を発生させないように十分注意を払っていた、と言えなければなりません。過失がないということになれば、不法行為責任は負わないということになります。あなたは、チェーン設置前の段階で、部外者の出入りが時折みられることを心配されていたということですから、山に他人が入ってくることは十分予想が可能だったということになるでしょう。そのように十分予想することができる以上、自分が所有している山であるというだけでは、過失がないということにはなりません。他人が山に入ってくるという前提で、チェーン設置者として必要な配慮をしたかどうかを考えなければなりません。

どのような場合に過失がないことになるのかについては、チェーンを設置する場所や設置の仕方などの具体的な状況を総合的に見て判断されることになります。

「チェーンを設置　危険！」とか「立ち入り禁止」などと記載した看板を設置していても、看板が目立たないとか、設置場所が悪い場合には、見落とすのも無理はないと言えるようなこともあります。したがって、看板を設置したというだけでは、過失がないというわけにはいきません。第三者が見て、これだけのことをしていたのだから、チェーンの設置者は、まさか事故が起きるなんて思いもしなかったであろうと言えるだけの注意をしていたかどうかが基準になると考えられます。

賠償すべき損害の範囲

チェーンを設置するに際して過失があると判断された場合には、不法行為に基づく賠償責任が生ずることになります。そのときに問題となるのは、損害額はいくらかということです。裁判例では「相当因果関係にある損害」という言い方をしますが、要するに社会通念上発生することが通常と言える範囲内の損害ということです。今回のようにケガをした人がいる場合には、被害者の治療費、入院費、治療のための休業による減収分に相当する損害がそれに当たると考えられます。また、その人に後遺症が残ることになった場合には、後遺症がなければ将来得ることができたであろう逸失利益や後遺症が残ったことに対する慰謝料も相当因果関係にある損害ということになるでしょう。

過失相殺

看板やチェーンの設置の仕方によっては、ケガをした人の側がきちんと注意を払っていれば事故を避けられたであろうという場合があります。そのような場合には、ケガをした人の側の注意不足が当然問題とされます。そのようなときは、チェーンを設置した側の注意不足とケガをした人の側の注意不足が比較され、過失相殺がなされることがあります。チェーンを設置した側の注意不足の割合が4割、ケガをした人の側の注意不足の割合が6割ということになれば、賠償すべき損害額の4割を支払うことになります。

いずれにしても、必要な注意義務を怠れば、民事上の賠償責任を負う可能性があることに変わりはありません。繰り返しになりますが、チェーンを設置するときには、事故が起こらないよう十分注意する必要があります。

Q 皆伐を発注した業者が、無資格者の運転により林業機械で重大事故を起こしました。経営責任者の過失とはどのようなものでしょうか。

私の担当区で、近年、合板向けB材や木質バイオマス向けのC材需要が急速に高まり、多くの民間林業事業体が皆伐を中心にフル稼働しています。こうしたなか、先日ある事業体が人手不足を補うために、必須とされている安全衛生特別教育を受けていない者に車両系林業機械で作業をさせ、重大事故を起こしてしまいました。日頃から県としても安全教育を徹底するように経営者に対して指導して参りましたが、残念でなりません。

今後の指導に生かすために、①こうした事故を起こした経営者は、どのような責任を問われるのか（損害賠償、刑事罰及び社会的責任）、②労働安全衛生法違反に当たる事例を整理するとどのようになるかを示していただければ幸いです。

A **経営者は、以下に述べるように多数の義務を負っています。万一事故が生じた場合には、労働者に余程の過失がない限り、経営者は民事上の損害賠償責任を負うほか、場合によって刑事上の責任を負うことがあります。**

1　はじめに

林業は、木材の伐採や運搬など危険を伴う作業が多いので、残念ながら現場での事故が発生しやすいのが実情です。そのような事業の経営者として守るべき安全配慮義務については、〈事業形態・立ち上げ〉の項（214頁）で解説していますから、参考になさってください。今回のご相談は、実際に事故が起きてしまったということですが、実際に発生する事故の原因や結果は、実に様々な態様がありますので、一律に検討することができません。

そこで、ご相談の内容を参考に、次のようなモデルケースを想定し、解説することといたします。なお、経営者の責任は、安全配慮義務に違反した場合に生じますので、まず「経営者の義務」を解説し、次に「経営者の責任」を検討することとします。

【モデルケース】林業機械を用いて伐採した木材の運搬業務を行うには、法令で安全のための特別な教育が必要とされている。にもかかわらず、その教育を受けていない労働者に走行集材機械を使用して行う運搬業務をさせたところ、操作を誤った労働者が機械ごと谷に落ちて大腿骨を骨折するという大ケガをしてしまった。なお、経営者は、その労働者が法令に定められた教育を受講していないことを知っていた。

2 経営者の義務

(1) 一般的な義務

経営者は、労働者がその生命・身体の安全を確保しながら働くことができるよう配慮しなければなりません（労働契約法5条）。その具体的内容は、労働安全衛生法や労働安全衛生法施行令、労働安全衛生規則に定められていますが、要約すれば、①労働災害を防止すべく基準を定める、②責任体制を明確にする、③危険作業を行うための十分な資格・経験を持つ労働者を配置する、④安全教育を行ったり、危険を回避するための適切な注意や作業管理を行うなど、労働者の安全と健康を確保するための方策を講じなければならないとされています。

先に触れたとおり、林業は危険を伴う作業が多いので、それら法令の多くの条項が該当することになりますが、まず先に挙げたモデルケースに当てはめて関係する条項の説明をすることにいたします。

(2) モデルケースの場合

経営者は、危険または有害な業務のうち法令で特に定められたものについては、安全のための特別な教育を行わなければならないとされています（労働安全衛生法59条3項）。モデルケースで問題となっている走行集材機械の運転業務は、法令で特に定められたものに当たります（労働安全衛生規則36条6号の3）。

したがって、経営者は、その運転業務に従事しようとする労働者に対して、安全のための特別な教育を行わなければなりません。教育の内容は、安全特別衛生教育規程（昭和47年労働省告示92号）に定められています。走行集材機械の場合には、学科教育として5科目、各科目についての教育時間は1～2時間で合計6時間以上、さらに実技教育として2科目、各科目について3時間で合計6時間以上の教育を行わなければならないことになっています（安全特別衛生教育規程8条の3）。

また、特別教育を行った経営者は、受講者や科目等の記録を作成して3年間保存しなければなりません（労働安全衛生規則38条）。

3　経営者の責任

(1) 民事上の責任

経営者には、労働者が安全に働くことのできるよう配慮する義務があることは、先に述べたとおりです。この安全配慮義務を怠った場合には、経営者は、そのことによって労働者が被った損害を賠償しなければなりません。モデルケースの場合には、経営者は、法令上必要な安全教育を受けていないことを知って労働者を働かせていたのですから、安全配慮義務を怠っていたことは明らかで、ケガをした労働者に対して損害を賠償する責任があります。「法律を知らなかった」という言い訳は認められません。ただし、労働者本人に不注意があれば、経営者の責任はその分少なくなります（「過失相殺」という考え方です）。

(2)刑事上の責任

労働安全衛生法に違反すると、場合によっては刑事上の責任を問われます。この場合にも、「法律を知らなかった」という言い訳はとおりません。モデルケースのように、安全教育を怠った場合には、経営者は6カ月以下の懲役、または50万円以下の罰金に処せられると定められています（法119条）。

(3)社会的責任

これまでに述べた民事上や刑事上の責任もさることながら、労働者が重傷を負った場合には、それだけで社会的な注目を集めます。さらに、経営者が安全教育を怠っていたことがわかれば、社会的な非難を浴びることにもなりましょう。その結果、取引先の信用を失い、事業の運営に重大な支障が出ることも考えられます。また、経営者はもちろんのこと、その家族や社員の方々も肩身の狭い思いをするかも知れません。これらはすべて社会的責任と考えられます。

4　労働安全衛生法の違反に当たる事例の整理

労働安全衛生法の違反に当たる事例をざっと整理してみます。

①免許が必要とされる場合に、免許を取得しない（法72条、規則16条Ⅰ項）。

例：林業架線作　業主任者免許

②技能講習受講を必要とする業務に、未受講者を就かせる（法76条Ⅰ項）。

例：高所作業車運　転技能講習・小型移動式クレーン運転技能講習

③安全衛生特別教育を怠る（前出の２⑵項参照）。

④能力向上教育を怠る（法19条の２、規則24条）。

⑤安全衛生教育を怠る（法59条Ⅰ項、60条、60条の２）。

例：チェーンソーを用いて行う伐木等業務従事者安全衛生教育

これらは、すべて労働安全衛生法の違反に当たりますので、注意が必要です。

5　まとめ

以上述べたとおり、経営者は労働者が安全に働けるように体制を整えなければならず、労働者の安全をおろそかにした経営者は、その責任を厳しく問われます。そのようなことにならないよう、くれぐれも注意しながら業務に励んでください。

Q 搬出間伐を森林組合に発注したところ、隣の山林を誤伐したために、その所有者から損害賠償を請求されて困っています。

森林組合の森林施業プランナーAから搬出間伐を提案され、了承しました。Aは下請けの伐採業者Bに依頼し、AとBが現地を目視で確認した上で搬出間伐を実行しました。ところが後日、隣接する山林の所有者Cから、自分の山林が無断で伐採された、原状復帰か相応の弁償をしてもらいたいと要求されました。Cは当方と違って優良材生産に熱心に取り組んでいたため、その怒りは相当なものです。Bが故意にCの優良材を伐ったのではないかという疑いもあります。そこで質問ですが、①損害賠償の責任は、誰が負うことになるのか、②損害に対する具体的な賠償内容、特に原状復帰の求めに応じなければならないということはあり得るのかどうかについてお伺いいたします。

A **損害賠償責任は、森林組合か伐採業者B、またはその両方が負うことになるでしょう。また、原状復帰の求めに応じなければならないということはありません。**

Cに対して損害賠償責任を負うのは誰か

ご相談の事例を次のように整理して考えてみます。まず、伐採の注文者はあなた、あなたの注文を受けた元請負人は森林組合、森林組合はその仕事を伐採業者Bに下請けに出した（すなわち、森林組合はあなたに対する関係では請負人、Bに対する関係では注文者）という流れだとします。ご相談の中には、森林組合のプランナーAという個人が登場しますが、Aは森林組合を代表して行動していると思われますので、当事者としては森林組合本体を取り上げます。

損害賠償責任を誰が負うのかについては、

ア、隣地山林所有者Cに対して誰が責任を負うのか、という問題と

イ、Cに対して複数の当事者が責任を負う場合には内部的な負担割合はどうなるのか、という問題を分けて検討する必要があります。

まず、誰が責任を負うかについて考えてみます。

①直接の行為者であるBは責任を負うか

民法７０９条は、本件のような不法行為に関する定めですが、「故意又は過失によって他人の権利を侵害した者は、損害賠償責任を負う」と定めています。

ＡとＢは、現地を目視で確認した上で搬出間伐を実行したとのことなので、ＢにはＣの山林を伐採するについて「故意」があったのではないかと疑われているくらいだとのことです。ですから、仮に故意がなかったとしても、Ｂは伐採業者（プロ）として十分な注意を払わなかったとは言えるでしょうから、過失はあったと判断されます。

したがって、Ｂは故意、または過失によってＣの権利を侵害したことになり、Ｃに対して損害賠償責任を負うことになります。

②元請負人である森林組合は責任を負うか

ア、一般に、会社の従業員が業務遂行中に第三者に損害を与えた場合には、使用者である会社は、民法７１５条１項に基づいて損売賠償責任を負うこととなります（この責任を「使用者責任」と言います）。この趣旨は、従業員を自分の手足として使用して利益を得ている以上、従業員が第三者に損害を与えた場合にはその責任を負うべきである、という点にあります。

これに対して請負人は、独自の判断と責任において仕事を行いますので、注文者から独立した立場にあります。そのため、注文者には、使用者責任の趣旨が妥当しませんので、請負人の不法行為について、注文者は使用者責任を負わないのが原則です（民法716条本文）。元請負人は、下請負人に対しては注文者ということになりますから、原則的には、元請負人は、下請負人の不法行為に対して責任を負うことはないということになります。

しかし、下請負人と元請負人が次のような関係にあるときは、元請負人が使用者責任を負うとした裁判例が多数ありますので、ご相談の事例でも、その点の検討を忘れてはなりません。

・下請負人が元請負人の指示に基づいて作業を行っていた
・日頃から元請負人の請け負った仕事に専属的に従事していた
・元請負人が、下請工事に必要な材料、機材、器具、現場に行くための自動車を提供していた、といった関係です。

イ、また、元請負人（下請負人に対する注文者）の注文や指図が誤っていた結果、第三者に損害が生じたと言える場合には、注文者たる元請負人は、損害賠償責任を負うこととなります。

例えば、
・工事の方法や工期に無理があったのに、敢えて工事を注文して施行させ、第三者に損害を与えた

・計画された工事が、第三者に被害を及ぼしかねないことを知ったのに、損害発生防止のための方策を怠った、といったような場合です。

したがって、ご相談の事例でも、森林組合とBが伐採工事計画についてどのような協議をしていたかを検討してみる必要があると考えます。

③おおもとの注文者であるあなたは責任を負うか

最後に、おおもとの注文者であるあなたが責任を負うかどうかを検討します。

まず、あなたが常時森林組合に業務を請け負わせていたとは思われませんし、今回の伐採工事について伐採範囲に関する具体的指示を与えていたとも思われません。さらに、あなたがBの伐採工事計画の具体的内容を事前に知り、Cの山林に入って伐採を行う危険があると感づいていたとも思われません。したがって、先に述べた「注文者は請負人の不法行為について責任を負わない」という原則（民法716条本文）に従って解決すべき事例だと思われますので、あなたが損害賠償の責任を負うことはないと考えます。

④責任を負う者が複数いる場合

なお、Bだけでなく森林組合も損害賠償責任を負う場合には、それぞれの行為がCの損害に対してどれだけの影響を及ぼしたかによって、内部的な負担割合が決まります。

損害賠償の方法

(1)原状復帰を行う必要があるか

Cが要求している山林の原状復帰についてご説明します。

被害回復を目的とする損害賠償制度の趣旨からすれば、原状復帰を行うのが最もよいのかもしれません。しかし、実際には、原状復帰が困難な場合が多くあります。ご相談の事例でも、伐採された樹木を伐採前の状態に戻すことはできないのですから、原状復帰は事実上不可能です。このような事例がほとんどであることを考慮して、民法は、特別の場合を除いては、損害賠償は金銭で行うと定めています。ご相談の事例でも、民法の定めに従って、金銭で損害賠償するしかないと思います。

(2)賠償金は具体的にいくらか

そうすると、Cが求めている「相応の弁償」額がいくらであるかが問題となります。間伐されたことによってCに生じた損害（通常であれば、間伐材の売却金額相当額から、伐採や搬出にかかるコスト相当額を差し引いたもの）を基準とされるのがよいと考えます。

最後に

山林を伐採されたCの怒りは相当とのことですので、あなたとしては、Cに対して誠意を尽くして事態の経緯を説明し、あなたの立場を理解してもらうことが何よりも大事なように思います。そのような努力をしてもCの理解を得られないようなら、誰が賠償責任を負担するのが正当であるかについて、きちんと意見を述べるべきだと考えます。その際には、森林組合や伐採業者Bにも加わってもらう必要があるでしょうから、Aを窓口とする森林組合やBと十分な事前協議を行って、Cとの話し合いに臨むようになさってください。

Q 太陽光パネルが設置された山林が崩れ、被害を受けました。損害賠償請求訴訟を起こしたいのですが、方法を教えてください。

自宅及び農地のすぐ近くの山林が伐開され、太陽光発電設備（太陽光パネル）が設置されました。当初からまともな基礎工事もなしに鉄パイプにパネルを貼り付けただけのものなので心配していたのですが、先日の集中豪雨で太陽光パネルが設置された斜面が土砂崩れを起こし、その下にあった私の農地に被害をもたらしました。太陽光パネル設置には法的問題はなかったと聞き及んでいますが、このような場合、損害賠償請求の訴訟を起こすには、誰に対して、どのような手続きで起こせばよいのでしょうか。

A 太陽光発電設備の占有者（事業者）、または所有者を相手方として、以下に述べる方法で裁判所に訴訟を提起してください。

どんなタイプの訴訟になるのか

集中豪雨により太陽光発電設備が設置された斜面が土砂崩れを起こし、あなたの農地に被害が出てしまったとのことで、大変な思いをなさったこととお見舞い申し上げます。

ご相談は、山林を伐開して準備された土地に設けられた太陽光発電設備が、土地が土砂崩れを起こしたことによって土地とともに相談者の農地に覆い被さって被害をもたらしたことについて、どのような手続きで損害賠償請求訴訟を起こしたらよいか、というものです。土地と太陽光発電設備を総体として捉えれば「土地の工作物」と評価できると思われますので、これは、民法717条の「土地の工作物」についての不法行為責任を問うものと言えましょう。この不法行為責任は、「土地の工作物の設置」に「瑕疵」があり、その瑕疵によって他人に損害が生じたときの賠償責任を問うものです。

ご相談の事例では、太陽光発電設備の設置工事は、まともな基礎工事もなしに鉄パイプにパネルを貼り付けただけのものであり、あなたは当初から何か起こるのではないかと心配していたというのですから、土地の準備の仕方にも太陽光パネルの設置の仕方にも不備があったと思われます。特に、太陽光発電設備が設置された場所が斜面であったことを考えますと、大雨が降った時には土砂崩れが起きやすいと思われますので、そのことを十分考慮して工事をしなければならなかったと考えられます。このようなことを総合して考えますと、今回の太陽光発電設備は、その設備が通常有すべき安全性を欠いていた、すなわち「瑕疵」があったと評価できるのではないでしょうか。

誰に対して、いくらを請求するか

さて、損害賠償請求の訴訟を起こす場合には、まず、誰に対して、いくらの損害を請求するかを決めることが必要です。

①誰に対して損害賠償を請求するのかという点ですが、土地の工作物から生じた不法行為については、第一次的にはその工作物の「占有者」が、第二次的にはその「所有者」が賠償責任を負う、と民法に定められています。ここで言う「占有者」とは、具体的にその物を所持し

管理している人のことを言います。あなたは、まず太陽光発電設備の管理主体は誰かを調査して特定する必要があります。多くの場合には、太陽光発電設備の施主（事業者）が占有者ということになるでしょう。

②次に、いくらの損害を請求するかの点ですが、あなたの側に発生した損害の額をできるだけ正確に算定することです。損害としては、⑴流れ込んだ土砂や太陽光パネルの撤去費用、⑵農地に農作物が生育していたときには、収穫できなくなった農作物の価額、⑶その事故によって農業ができない期間が生じた場合には、そのことによる損害などが考えられます。

どの裁判所に訴えを起こすか

損害賠償請求訴訟をどの裁判所に起こすかは、右の損害額がいくらであるかによって変わってきます。請求額（訴額と言います）が１４０万円までは簡易裁判所に、１４０万円を超えるときは地方裁判所に訴えを提起することになります。

具体的な訴えの提起方法

訴訟を提起するときは、必ず裁判所に「訴状」を提出しなければなりません。訴訟では、請求する側を「原告」、請求される側を「被告」と呼ぶことになっています。訴状には、⑴その裁判で、被告に対して、いくら支払うように求めるのか（この部分を「請求の趣旨」と言いますす）、⑵どのような理由で、その請求をするのか（この部分を「請求の原因」と言います）を記載しなければなりません。この説明だけでは、具体的な訴状の書き方はおわかりにならないと思います。先に述べた区別に従って、簡易裁判所または地方裁判所の相談窓口に行って、訴状の書き方を尋ねるのがよいでしょう。

また、請求の原因に記載した事実関係に関して証拠（書類や写真など）がある場合には、できるだけ訴状とともに裁判所に提出するのが望ましいとされています。提出の仕方（写しでよいか、部数は何部かなど）についても、裁判所で教えてもらってください。

その他、訴状には訴額によって決められた額の収入印紙を貼ったり、被告に訴状などを郵便で送付するための切手などを納めたりする必要もありますが、いずれも裁判所の指導に従ってください。

最後に

右にご説明したように、裁判所に訴訟を提起するにはいろいろ面倒な手続きがありますが、ほとんどの方はこれまで裁判を経験したことがないと思います。手続きが全くわからないのは当たり前で、何も恥ずべきことではありません。どうぞ勇気を出して裁判所に出かけてください。もし、いろいろ聞いてもうまく訴状が書けないというようなことがあって誰かに相談したい場合には、近くの弁護士に相談したり、代理人になってもらうという方法もあります。

Q 補助事業の変更によって助成金が確保できないことから生じた赤字分を、林地所有者に請求することは可能でしょうか。

私は、林業事業体で森林施業プランナーを担当しています。これまで林地所有者に間伐の提案書を示す際には、「間伐後に黒字（利益）が見込まれます」と説明して施業委託契約を取り付けてきました。そこで質問なのですが、国の間伐補助事業に対する助成額が減額になったことが原因で、実際に施業（搬出間伐）後に精算すると収支差額が赤字になった場合には、その赤字分を発注者である林地所有者に請求することができるでしょうか。国の補助事業の助成額にも総枠があり、今後こうした事態も考えられると思います。それに備えて対応を検討したいと思いますので、アドバイスをよろしくお願い申し上げます。

A **林地所有者に赤字分を請求することは難しいと考えます。今後の対応については、本文をお読みください。**

はじめに

林業事業体は、林地所有者との間で、間伐事業に関して「施業委託契約」を締結します。施業委託契約においては、通常、委託を受けた林業事業体は、林地所有者に代わって間伐のための一切の必要経費を立て替える一方、助成金や木材の販売代金などの収入を受領し、収入から必要経費を差し引いた利益について、施業完了後に、予め定めた方式に従って林業事業体は報酬を取得し、林地所有者は最終的な利益を受領するという流れで全体の処理が進行します。ところが、助成金の額が契約締結当時に見込んでいたものより低くなると、収入に計上する金額が減りますから、必要経費や林業事業体の予定された報酬を差し引くと赤字になってしまう場合が発生するかも知れません。そのような場合には、林業事業体は予定した報酬を減額せざるを得なくなるでしょう。林業事業体は、減額になった報酬で我慢するのでは「ただ働き」になる部分が出ることになってしまいますから、予定どおりの報酬額を得るために、赤字になった分（金額）を林地所有者に請求できないか、というのが今回の相談であると思われます。林地所有者との間に締結される契約書を見ていませんので、契約内容については推測するしかありません。その点はご理解いただきたいと存じます。

問題点は何か

今回のご相談内容を見ますと、林業事業体と林地所有者の間でこれまで締結されていた施業委託契約には、助成金の減額によって生じた赤字分の処理に関する条項は存在していない、と思われます。したがって、ご相談の件については契約に従って解決することができません。むしろ、ご相談者が気になっておられるように、森林施業プランナーが間伐の提案書を示す際に「間伐後に黒字（利益）が見込まれます」と説明して施業委託契約を取り付けてきたという点が重要なのです。この説明は契約書に調印する前に提案書という形でなされますから、契約書の一部をなすわけではありません。しかし、施業委託契約と無関係に提案が行われるということではなく、契約締結に導く準備行為として行われると理解されます。しかも、助成金額の変更を伴う国の補助事業に関する方針の変化に関しては、林地所有者よりも林業事業体のほうが、はるかに情報を多く持ち、助成金減額の動向などについても正確に理解していると思われます。そうだとすると、林地所有者にとって不利な契約にならないように、林業事業体の方が、助成金減額の可能性について、契約締結に先立って十分な説明をすべきだと考えます。

裁判所が、一時期流行した変額保険に関する事件で、銀行や生命保険会社の損害賠償責任を認めた事例では右のような考え方が示されました。特に、林業事業体の説明が「間伐後に黒字（利益）が見込まれます」というものであったとすると、それを聞いた林地所有者は、確実に黒字が出ると思い込むかも知れません。そのような説明をする背景に、何とか施業委託契約の締結に持ち込みたいという林業事業体の期待が潜んでいる場合には、かなり危険だと思われます。助成金がどのようになるかの動向が明確につかめず、黒字になるか赤字になるかはっきりしない場合には、きちんとそのことを林地所有者に対して説明しておかなければならないと思います。通常は、事業者の方が一般人に比べて専門知識や経験が豊富ですから、そのような立場にある林業事業体が施業結果の見込みについて林地所有者に十分に説明すべきであり、もし説明を怠った場合には、怠ったことについて過失があるとされるのです。

右のような法的な考え方を「契約締結上の過失」と呼んでいます。

本件についてのまとめ―今後に向けて

以上述べたところからおわかりいただけるように、ご相談の事例では林地所有者に赤字分を請求することは難しく、仮に請求したとしても裁判上の争いになるのではないかと思います。そして、場合によっては、林地所有者が被った損害の賠償すら求められることになりかねないと危惧されます。

今後は、

①契約締結に際して、林地所有者に対し、助成金の減額が行われることが予想されること、減額されたら黒字にならない場合があることを、きちんと説明する。

②林地所有者と締結する施業委託契約の中に、万一施業から赤字が生じた場合には、その赤字を林地所有者と林業事業体がどのように負担するかに関する条項を入れておく。

などの対応をするのが賢明でしょう。

Q 林業専用道に侵入した一般車両が落石などで被災した場合、その責任は管理者にあるのでしょうか。

林業専用道に侵入した一般車両が落石などで被災した場合、その責任は管理者にあるのでしょうか？　わが市では林業振興に力を入れ、近年、林業専用道を積極的に開設してきました。

その一方、都市部からのツーリングや山菜・きのこ狩りなど、観光目的と思われる一般車の出入りがたびたび報告されています。先日、国立公園や林道等での落石や落枝による観光客の死傷事故で管理者（自治体）の責任が認められたという判決の話を耳にし、林業専用道の管理者である市としても、同様の事故を懸念しております。

もちろん林業専用道の入口にゲートを設け、一般車両の通行を禁止する趣旨を記した看板は立てています。しかし、事業関係者がゲートを解錠し作業をしている間に、一般車がゲートから侵入し落石などで被災した場合、やはり管理者が責任を問われるものなのでしょうか。その場合、看板の表示内容、設置の仕方次第で責任の回避が図れるものなのでしょうか。アドバイスをお聞かせいただければ幸いです。

A **管理者は、国家賠償法上の責任を負う可能性がありますが、被災を防ぐための手段を尽くしていれば、責任を免れる場合や賠償額が減額される場合があります。**

林業専用道とは

林業専用道とは、林地において幹線となる林道と森林作業道とをつなぎ、間伐作業をはじめとする森林施業の用に供する道を言います（「林業専用道作設指針」参照）。

落石による事故に関する判決について

①ご質問のような事故について管理者である自治体が負う責任は、公の営造物の設置管理の瑕疵に基づく賠償責任（国家賠償法2条1項）です。「公の営造物」（国家賠償法2条1項）とは、広く公の目的に供せられる物的施設を言いますが、国立公園や林道は、国民の利用という公の目的に供せられる物的施設ですから、「公の営造物」に当たります。

②「公の営造物」で生じた事故について、自治体の責任が認められるのは、その「公の営造物の設置または管理に瑕疵があったために他人に損害を生じたとき」（同条項）です。「瑕疵」とは、一般的には「きず、欠点」を指す言葉ですが、ここでは、公の営造物が通常有すべき安全性を欠いている状態のことを意味します。そのような状態を放置していると、利用者が思いもかけないケガを負ったり、所有物が破損するといった被害を受けることがあります。ケガや物の破損の原因が公の営造物の安全性の欠如にあれば、損害は当然賠償してもらわなければならないということになります。これが公の営造物の設置管理の瑕疵に基づく賠償責任についての考え方です。

③では、「瑕疵」があるかどうかは、どのように判断されるのでしょうか。営造物が備えるべき安全性は、絶対的なものである必要はありませんが、通常予想される危険を防止しうる程度のものでなければなりません。その程度の安全性を備えているかどうかは、問題となる営造物の構造、用法、場所的環境及び利用状況など諸般の事情に基づき個別具体的に判断されます。

最高裁判所（最判昭和45年8月20日判決）は、国道に面した山地の上方部分が崩壊して落下した岩石の直撃を受けて人が死亡した事故について、「交通量が多く、しばしば落石があったのだから、『落石注意』の標識を立て、あるいは竹竿の先に赤の布切をつけて立て、これによって通行車に対し注意を促す処置を講じただけでは足らない。防護柵または防護覆を設置し、あるいは山側に金網を張るとか、常時山地斜面部分を調査して、落下しそうな岩石があるときは、これを除去し、崩土の起こるおそれのあるときは、事前に通行止めをするなどの措置をとらなかったことについて、管理に瑕疵があった」と判断しました。

林業専用道の設置管理の瑕疵について

①上の裁判例を参考にすれば、まず、林業専用道の管理者としては、通行する車両が事業関係

車両であるか一般車であるかを問わず、その道路の利用者が落石等の被害を受けることのないように、「落石注意」等の標識を立てることに加えて、具体的状況に応じて、防護柵・防護覆または金網を設置したり、落ちそうな石を除去するなど、林業専用道の設置管理に瑕疵がないよう配慮する必要があるでしょう。

②また、林野庁が制定した「林業専用道作設指針」及び「林道規定」には、管理者は、その管理する林業専用道について、通行の安全を図るように努めなければならないとされていますが（同指針第2「2」及び同規定第6条）、この義務は抽象的でかなり広い一般的義務です。さらに、林業専用道の利用の態様に応じて、起点及び他の道路と接続する終点には、門扉や一般車両の通行を禁止する旨を記した標識等を設置しなければならないと定められていますが（同指針第2「4」）、ご相談者の市は、林業専用道の入口にゲート（門扉）及び看板（標識）を設置しているということですから、この点は大丈夫でしょう。

③問題となるのは、事業関係者がゲートを解錠し作業をしている間に一般車がゲートから進入し、落石などで被災した場合です。

林業専用道は、本来的には、森林施業に用いられる道路ですから、その用途を基準として通常有すべき安全性を備えればよいと考えられますが、本件においては、観光目的と思われる一般車の出入りがたびたび報告されているというのですから、そのことに全く配慮しないということにはいかないと思います。

まず、ゲートの解錠に関して、事業関係者が作業に伴いゲートを解錠するのはやむを得ないことですが、入ったときと出たときには面倒でも再度施錠するよう協力を求め、そのことを書いた標識をゲートの錠に近いところに止めておくなどして、一般車の侵入を可能な限り防いだらいかがでしょうか。

また、看板の大きさや表示内容を工夫するとともに、林業専用道に進入しようとする一般車の目につきやすい場所に設置するようにするのも1つの方法でしょう。

以上のように管理方法を工夫することで、設置管理に瑕疵はないと第三者から認められる可能性は高まると思います。

④さらに、仮に設置管理の瑕疵があったと判断される場合においても、林業専用道に侵入した一般車の側に過失（落ち度）がある場合には、管理者に損害の全額についての賠償責任を負わせるのではなく、公平と認められる限度で、管理者側と一般車側との間で損害を分担させる、という「過失相殺」（国家賠償法4条、民法722条2項）がされることがあります。ご相談のケースにおいて、仮に落石事故が起きたとすれば、一般車の進入を禁止する旨を記し

た標識が立てられ、ゲートまで設置されているにもかかわらず、観光目的で林業専用道に進入した一般車の運転者及びその同乗者は、自らの行為によって、落石被害という損害の発生を招いたと言えるでしょう。そのように認められれば、被害者側に過失があるとして過失相殺が認められる可能性があります。過失相殺を認めるかどうか、認めるとして双方の過失割合を何割対何割と考えるかに当たっては、ご相談者の市がどの程度の事故防止対策を講じていたかが重要な判断基準になります。

Q 父が伐採中に事故で死亡しました。雇用主は父が危険な作業方法で伐採したという説明で、労災申請をしてくれず困っています。

父が伐採の森林作業中の事故で死亡しました。父が働いていた林業事業体の雇用主は、父が危険な作業方法で伐採していたため事故に遭った、と説明しています。事業体では、安全講習を行っていたとのことですが、安全な作業方法を徹底させる義務は事業体にあるのではないでしょうか。また、危険な作業方法が現場で行われていたことを黙認していたことも考えられます。調べたところ、この事業体では、過去にもケガの事故が数件ありました。事業体は、まだ労災申請をしていないのですが、過失はこちらにあるものなのでしょうか。こちらとしては損害賠償の請求を考えていますが、可能でしょうか。

A **労災保険は、労働者の過失の有無にかかわらず支給されます。まずはご遺族が給付申請をしましょう。また、使用者の過失を証明すれば、労災保険を超えて、使用者から賠償を受けることもできます。**

労災保険給付の請求について

1　労働者やその遺族が請求する必要があります

業務中の事故が原因で亡くなった労働者の遺族は、労働基準監督署に対し、所定の請求書によって遺族補償給付を請求することができます。労災保険給付請求は、使用者ではなく、被災労働者、またはその遺族によってなすべきものですのでご注意ください。また、請求書には使用者が記入すべき欄もあり、使用者は、速やかに必要事項を記入し、災害の原因や発生状況等の証明をする義務があります（労災保険法施行規則23条2項）。

ご相談の件では、雇用主が、被災労働者であるお父様の側に危険な作業方法で伐採したという過失がある、との見解から、労災給付請求に協力してくれないようです。このような場合、労働者側としては、雇用主が証明しようとしない旨を労働基準監督署に説明することにより、使用者の証明欄を空欄にしたまま、保険給付請求をすることができます。

なお、遺族補償給付には遺族補償年金と遺族補償一時金がありますが、受給する資格がある遺族（受給権者）の範囲が法律で決まっています。そして受給権者には、現実に給付を受け取ることができる受給権者となるための順位が決まっていますので、誰が受給権者となるのかあらかじめ確認しておいたほうがよろしいでしょう。

2 労働者に過失があっても、原則として支給がなされます

ところで、雇用主の主張のとおり、労働者に事故の原因となる過失があった場合には、労災保険は支給されないのでしょうか。

労災保険制度は、企業活動によって利益を得ている使用者に当然に損害の補償義務を負わせ、労働者を保護するべきであるとの考え方を基礎にするものですから、使用者に過失がなくても保険給付がなされることはもちろん、労働者に過失がある場合であっても、給付がなされなかったり、減額されたりということはありませんので、安心してください。

もっとも、例外的に、労働者が故意に事故を発生させた場合や、故意の犯罪行為、または重

大な過失により事故を生じさせたときなどは、労災保険給付のうちの休業補償給付、障害補償給付、傷病補償年金の支給が全部、または一部制限されることがあります（労働災害補償保険法12条の2の2、厚労省通達）。

民事上の損害賠償請求について

1　使用者の安全配慮義務違反に基づく請求

(1) 安全配慮義務の内容

労災保険は、労働者や遺族が被った損害全てを補償するものではありません。労働者側としては、労災保険給付で補償されない部分について、使用者に対し損害賠償請求をすることが可能です。特に、精神的損害、すなわち慰謝料に関しては労災保険では補償されませんので、使用者に直接請求する必要があります。

使用者の損害賠償責任の根拠としては、安全配慮義務違反として債務不履行責任（民法415条）を問うのが一般的です。安全配慮義務とは、使用者が労働者の安全を確保しつつ、労働ができるよう必要な措置を講ずる義務を言います（労働契約法5条）。

安全配慮義務の内容は個々の具体的状況により異なりますが、主に、①労働者の利用する物的施設・機械等を整備する義務と、②安全を確保するための人的管理を適切に行う義務に整理されます。②をさらに具体化すると、危険作業を行うために十分な資格・経験を有する労働者を配置する義務、安全教育を行う義務や危険を回避するための適切な注意や作業管理を行う義務などがあります。また、労働安全衛生法や政令には使用者が尽くすべき義務について詳細な記載があり、これらも使用者の安全配慮義務の具体的内容を判断するに当たり基準となります。ご相談の件は伐採作業中の事故ですから、労働安全衛生規則の「伐木作業等における危険の防止」(第2編第8章)に定められたルールが、雇用主の守るべき最低限の義務と言えるでしょう。

(2)雇用主に義務違反は認められるか

本件の雇用主は労働者に対する安全講習を行っていたとのことですが、これにより雇用主の安全配慮義務が尽くされたと言えるのでしょうか。

使用者が、適切な内容の安全講習を行うことは、安全配慮義務の一内容ではありますが、上記のように、安全配慮義務には危険を回避するための適切な注意や作業管理を行う義務も含まれます。本件の雇用主の下では、過去にもケガの事故が数件起きているとのことですから、適切な注意や作業管理を行っていなかった可能性があります。また、同じ雇用主の下で、類似の事故が何度も起きているような場合には、危険な作業方法が現場で行われていることを雇用主が認識した上で放置していたことが強く推認されますので、安全配慮義務が履行されたとは到底言えないでしょう。

(3)労働者にも過失が認められる場合は

労働安全衛生法や労働安全衛生規則は、使用者に対して労働者の安全を確保するための措置を義務づけていますが、労働者に対しても、必要事項を遵守し安全に作業することを義務づけています。もっとも、確かに職人と呼ばれる労働者の中には、長年の経験や勘を重視し、使用者の指示に従わず危険な方法で作業を行う例もあるようです。このような場合には、民事訴訟においては労働者側に一定割合の過失を認め、使用者が支払うべき損害賠償金から控除されることもあります（「過失相殺」と言います）。過失相殺がされるか、またどのような割合かは個々の労災事故の具体的状況により様々です。

2　不法行為に基づく損害賠償請求

労災事故が発生した場合に、雇用主に損害賠償責任が生ずる法律上の根拠としては、上記の安全配慮義務違反による債務不履行責任の他に、不法行為責任（709条、715条）があります。消滅時効や立証責任という訴訟上の観点から、通常は債務不履行責任を追及することが多いですが、どちらを選択しても構いません。また、ご相談内容とは少しずれますが、例えばセクハラやパワハラなどで直属の上司個人を訴えたいような場合には、上司と労働者との間には契約関係がありませんので、債務不履行責任を問うことはできません。したがってこの場合は不法行為責任を追及することになります。

Q「明認方法」で立木の所有権を主張する者に地代使用料は請求できるのでしょうか。

私は、林業事業体で森林所有者から山林を購入して木材生産をしております。先般、購入した山林の一部について、立木の所有権を「明認方法」で主張するAがおり、その対応に困っております。そこでAの主張する「明認方法」が認められるための要件とはどのようなものなのかを教えていただければ助かります。

また、仮に立木所有権が認められた場合、その立木に対する地代使用料は請求できるものなのか、併せてお聞かせいただければ幸いです。

A　Aは、山林を使用する権原を有していないので、使用料相当の損害金を請求できると考えます。

立木の明認方法が認められる要件

①明認方法の一般的な説明

「明認方法」は慣習によって認められた立木所有権の公示方法です。立木は、本来的には土地に付属するもので土地と一体化していますから、明認方法は、その立木が土地とは別個の所有権の対象となっているとわかるようにするためのものです。最高裁は、明認方法は「登記に代わるものとして第三者が容易に所有権を認識することができる手段で、しかも、第三者が利害関係を取得する当時にもそれだけの効果をもって存在するものでなければならない」と判示しています（最高裁昭和36年5月4日民集15巻5号1253頁）。

今回のご相談に則していうと、Aが明認方法に基づいてあなたが役員をしている林業事業体（以下「事業体」と言います）に立木の所有権を主張するには、事業体が森林所有者から本件山林を購入した時点で（厳密には事業体が登記を備えるまでに）、Aによる立木の明認方法が存在していなければならない、ということです。一度明認方法を施していたとしても、第三者が利害関係を持つに至った当時に明認方法が失われていたら、立木の所有権を主張できないということになります。

②明認方法の具体例

裁判例で見られた明認方法の例としては、木の皮を削り、誰が所有者であるかを墨書したり、焼印を押したりするという方法、立て札を立てるという方法、50㎝四方のベニヤ板に「当地全域の立木全部は○○の所有である」と書いて立木に釘打ちをする方法などが挙げられます。また、少し変わった方法としては、山林中に炭焼小屋をつくって伐採（製炭）に着手した場合に、明認方法として認めた裁判例もあります。

明認方法によって表示する必要がある事項は、所有者名だけでよく、所有権の取得原因や、前所有者名を表示する必要はありません。明認方法が同じ立木に併存する場合は、先に明認方法をした方が優先し、明認方法と登記が競合する場合も、先後関係によって決まります。また、明認方法によって公示できる権利は所有権に限られ、抵当権などを明認方法によって公示することはできません。

Aに立木に対する地代使用料を請求できるか

①問題点

明認方法が施されて立木所有権が認められる場合に、土地所有者が立木所有者に対して地代使用料の請求ができるかについては、土地の所有者との関係で、立木の所有者がどのような根拠で土地を利用しているのか、という点が問題になります。

②立木の売主が負担する義務

最高裁は、伐採を目的とする山林立木の売買契約における立木売主（土地所有者）の義務について、立木の売買の目的がその立木の伐採にある場合には、「期間の約定があればその期間、また、期間の約定がない場合においても、伐採、造材、搬出に必要な相当の期間、買主をして当該山林敷地を使用させる売買契約上の義務を負担する」と判示しました（最高裁昭和47年5月30日民集26巻4号919頁）。立木の売買は、伐採もしくはそのための育成を目的としてなされることが通常でしょうから、伐採後に引き続いて伐採した立木の造材及び造材された素材の搬出が行われます。立木の買主は、立木売買の目的を達成するためには、必然的に地盤である土地の使用をしなければならないのですから、売主は土地の使用をさせる継続的な義務を負うというのが最高裁の考え方であると思われます。

そして、売主のこのような義務は、立木の売買契約について当事者間に明示の約定がなくても、契約目的達成のために必要不可欠なものとして当然に契約の内容に含まれるものとされています。ただし、立木の売主が、買主との間で、土地使用権を売買契約とは別個の契約で設定した場合には、立木の売主が買主のために土地を使用させる義務は、その別個の契約に基づいて負担するものと考えられます。別個の契約とは、例えば、土地の賃貸借契約や地上権設定契約が挙げられます。

ご相談の事例に即して考えると、Aが森林の前所有者から立木を購入したとすれば、森林の前所有者は、Aに対して、立木の伐採等のために土地を使用させる義務を負っていたことになります。

③森林所有者が土地を第三者に売却した場合

以上を前提として、次に問題となるのは、森林所有者が、土地を第三者である事業体に売却した場合に、森林所有者の義務が事業体に引き継がれるのかということです。

結論としては、事業体は、森林所有者が負担していた前記の義務を引き継ぐ旨の合意をしない限り、Aに対してその義務を負うことはないと考えられます。

森林所有者は、立木買主との売買契約に基づいて、前記義務を負っています。売買契約は、森林所有者と立木買主との間の契約であり、その契約上の義務を負担するのはその当事者同士であるのが原則です。第三者が契約上の義務を引き受けるのであれば、その旨の合意がなければなりません。

ご相談の事例では、事業体が森林の前所有者から本件山林を購入した際に、Aに土地を使用させる義務を引き継ぐことについて合意はなかったようですから、事業体がその義務を負うことはないと考えられます。そして、森林の前所有者はもはや本件山林の所有者ではありませんので、Aは、本件山林にあるA所有の立木の育成、伐採等のために本件山林を使用する権原を主張することはできないということになります。

このように考えると、Aは本件山林を使用できなくなってしまいますが、それでよいのかが疑問となります。

森林所有者は、売買契約に基づき、Aに本件山林を使用させる継続的義務を負っていたのですから、本件山林を売却するときには、事業体との本件山林の売買契約において、Aが本件山林の使用を継続することができるよう合意をしておく義務を負っていたものと考えられます。それにもかかわらず、その旨の合意を事業体との間でせず、Aが本件山林を使用できなくなってしまったのですから、森林の前所有者がAとの売買契約上の義務に違反したということになります。したがって、Aは、森林の前所有者に対して責任を追及するべきということになります。

④結論

事業体は、Ａとの間で本件山林について賃貸借契約や地上権設定契約を締結していないでしょうから、契約に基づいて地代使用料を請求することはできません。

ところで、Ａは、本件山林において立木を生育して本件山林を占有使用していますが、そのように山林を使用することについて正当な権原を有していませんから、不法占有ということになります。このような場合には、事業体は不法占有者であるＡに対して、不法占有によりＡが得た使用利益（地代使用料相当額）の賠償を求めることができます。ただし、Ａが本件山林を使用する権利があると信じていた時期に関しては、使用利益を請求できません（民法１８９条）。使用利益を請求できる範囲は、個々の事情にもよりますが、森林の前所有者が、本件山林を、Ａの山林の使用について事業体と何らの合意もせずに売却したことをＡが知ったとき以降の分と考えられます。

Q 所有山林の一部に産業廃棄物を含む盛土が不法に造成された場合、損害賠償は可能でしょうか。

当方が所有する山林の一部に、産業廃棄物を含む盛土が不法に造成されていることに気づきました。市役所に問い合わせると、盛土搬入の申請許可済みとのことですが、申請した土地の境界線を大幅に超えて盛土されている状態です。盛土を施工した業者の連絡先を市役所から教えてもらい連絡を取ったところ、市役所への申請どおり盛土施工したとのこと。さらに、その土地はすでに別の業者へ売却済みで、登記名義変更後、その業者が勝手に追加の盛土を施工したと主張しています。

当方としては、盛土による地価の下落は明らかであり、損害賠償を求めたいと思いますが、可能でしょうか。

A **下落した地価相当額の損害賠償請求は可能ですが、そのためには事前に十分な調査をする必要があります。この調査は個人では難しい部分もありますので、一度弁護士にご相談ください。**

はじめに

所有山林に産業廃棄物を含む盛土が勝手に造成された場合、山林所有者は所有権の侵害を理由に施工業者に下落した地価相当額の損害賠償を求めることができます（民法第７０９条）。このように書くと、簡単に損害賠償を求めることができそうに思えますが、実際に損害賠償を請求するとなると、事態はそれほど簡単ではありません。以下では、訴訟で損害賠償請求をすることを念頭に置き、事前に確認・調査すべき点について順番に説明します。

なお、ご相談のケースとは異なり、施工業者と隣地所有者が異なり、隣地所有者からの注文を受けて施工業者が盛土を実施したという場合には、施工業者と共に隣地所有者に対しても損害賠償を求めることが可能です。

誰に損害賠償を求めるべきか

①隣地を購入したのは誰か

当然のことですが、損害賠償請求をするためには、不法に盛土を施工した業者を明らかにする必要があります。盛土搬入の許可を受け、盛土を施工した業者（以下「A」と言います）の話によれば、土地の境界線を越えて不法に盛土を施工したのは、盛土搬入許可の対象となった隣地（以下「本件隣地」と言います）をAから購入した別業者であるとのことです。Aの話が本当かどうかはわかりませんが、不法に盛土を施工した業者を明らかにする前提として、まずは本件隣地の購入業者を確認する必要があります。

本件隣地の購入業者を確認するだけであれば、直接Aに尋ねることも考えられますが、売買契約における守秘義務条項の存在や同業者である購入業者への配慮から、Aが購入業者の名前を教えてくれないことも考えられます。このことを考えますと、Aに尋ねるのではなく、はじめから本件隣地の登記を確認するほうがよいでしょう。登記を見れば、本当に本件隣地の売買がなされたのかという点も含めて確認することができます。

登記を確認する方法としては、本件隣地を管轄する法務局に対して登記事項証明書の交付を請求する方法やインターネットで閲覧する方法などいくつかありますので、詳細についてはお近くの法務局にお問い合わせください。なお、土地の登記の確認には当該土地の地番が必要になるところ、地番と住所は異なりますので、本件隣地の地番がわからないという場合には、登記の確認方法を法務局にお問い合わせになる際に併せてお尋ねください。

②不法に盛土を施工したのは誰か

①の調査の結果、そもそも本件隣地が売却されていないというのであればともかく、本件隣地の購入業者（以下「B」と言います）が明らかになった場合には、不法な盛土を施工したのがA、Bのいずれであるかを別途調査する必要があります。Aの話では、Bが不法な盛土を施工したとのことですが、Aが自身の責任を逃れるためにそのように話をしている可能性も否定できませんので、鵜呑みにはできません。この調査を個人で行うのはなかなか困難ですが、ご相談のケースは盛土の中に産業廃棄物が含まれているなど廃棄物処理法（「廃棄物の処理及び清掃に関する法律」）が禁止する不法投棄（同法第16条）がなされた事案ですので、次のような方法により不法に盛土を施工した業者を調査することが考えられます。

まず、不法に盛土がなされた山林が所在する都道府県の産業廃棄物対策課（名称は都道府県により異なります）に通報することが考えられます。各都道府県は産業廃棄物の適正な処理が行われるように必要な措置を講ずる責任を負っており（廃棄物処理法第4条第2項、第11条第3項）、不法投棄を行う産業廃棄物処理業者に対しては、事業の停止（同法第14条の3）や措置命令（同法第19条の5）などの行政処分を行うことができます。通報を契機に上記各処分を念頭に置いた調査が開始されれば、その調査の中で、不法に盛土を造成したのがAまたはBのいずれであるかが明らかになる可能性があります。

また、産業廃棄物の不法投棄は5年以下の懲役と1000万円以下の罰金という刑事罰の対象になっていますので（同法第25条第1項14号）、捜査機関に告発することも有効と考えます。犯人がわからなくとも告発は有効ですので、告発すれば捜査機関が刑事事件として捜査を開始することが考えられます。刑事事件としての捜査がなされれば、不法投棄の犯人である盛土の施工業者がAまたはBのいずれであるか明らかになる可能性は高いでしょう。

このように不法に盛土を施工した業者が、AまたはBのいずれであるかを調査するには、行政機関や捜査機関との連携が必要でしょう。

自らが所有する土地への盛土であることを証明できるか

不法投棄がなされていたのは山林とのことですが、本件隣地との境界線は明確になっていたのでしょうか。明確なのであれば問題ありませんが、仮に境界線が不明確ということであれば、訴訟において、施工業者から盛土はあくまで本件隣地になされただけであるとの主張がなされる可能性があります。

このような主張がなされた場合、損害賠償を求める側が盛土がなされたのが自らの土地であることを証明する必要があります。具体的には、⑴占有状況、⑵公図その他の地図、⑶境界木または境界石、⑷地形（自然道、尾根、崖等）、⑸林相（植林の状況、樹齢、種類、植林の時期）等を資料として、産業廃棄物を含む盛土が本件隣地との境界線を越えてなされていることを証明することになります。

おわりに

以上で説明したように、簡単に思える下落した地価相当額の損害賠償請求も、訴訟を提起する前に確認・調査しなければならない点がいくつかありますので、実際に請求をお考えなのであれば一度弁護士にご相談ください。

なお、ご相談は損害賠償請求の可否ということでしたが、不法に盛土を造成した業者に対しては、境界線を越えて造成されている盛土については所有権に基づいて元に戻すことを請求することもできますので、損害賠償請求と併せてご検討ください。

Q **所有山林を主伐したいのですが、土砂災害が発生した場合に責任を負わないための対応策はあるのでしょうか。**

所有する山林が主伐期を迎えたことから主伐を開始しようと考えています。ところが、その山林の下方の隣接地では5年程前から宅地化が進み、現在、3棟の住宅が造成されています。昨今、豪雨や地震などによる土砂崩れのニュースをよく目にすることから、主伐後に土砂崩れが発生しないか心配になっています。仮に集中豪雨によって所有山林で土砂崩れが発生し、被害を受けた住宅所有者からその原因が主伐であると訴えられた場合、私は責任を負うことになるのでしょうか。また、そうした訴訟への対応策はあるのでしょうか。

A **主伐時に通常行うべき措置を講じなかったことによる場合には、あなたが責任を負うことがあります。主伐の際は、その範囲や方法について役場や専門家に相談し、必要な災害防止措置を講じておくのがよいでしょう。**

山林所有者の義務について

一般に、土地所有者には、土砂が崩壊するなどして第三者に損害が生じることがないよう所有地を適切に管理する義務があります。そして、その義務の程度は所有地の特性や環境によって異なります。例えば、傾斜地であれば、平地よりも土砂崩れが発生する可能性は高くなりますし、傾斜の下方に住宅地がある場合には、土砂崩れによる被害拡大を防ぐために高度な義務が求められると考えられます。また、山林の場合には、立木が洪水や土砂崩れ発生を防止する上で重要な役割を果たしていることから、立木の管理についても慎重な対応が求められます。

土砂災害発生時の山林所有者の責任について

民法には、「故意又は過失によって他人の権利又は法律上保護される利益を侵害した者は、これによって生じた損害を賠償する責任を負う」と定められています（民法709条）。この責任を「不法行為責任」と言います。加害行為者に「過失」があったかどうかは、その人が被害発生を予測し、それを回避するために通常行うべき対応を行っているかどうか（注意義務違反の有無）で判断されます。上で述べましたとおり、山林所有者には土砂災害発生を防止するために山林を適切に管理する義務があります。そのため、その義務を怠ったことによって土砂災害が発生し、隣地所有者やその住民らに被害が生じた場合には、山林所有者は、その損害を賠償する責任を負うことがあります。

主伐を行う際の注意義務について

主伐を行う際にどのようなことに気をつけていれば注意義務を尽くしたと言えるか、ということは一義的に決まるものではありませんが、土砂崩れ発生の可能性が高く、土砂崩れが発生した場合に被害が拡大するおそれが高い山林ほど、慎重な判断と高度な対応が求められると考えられます。例えば、対象の山林で落石や渓流に濁りが見られるといった土砂崩れの兆候が現に確認されたり、直近で近隣の山林において土砂崩れが発生しており、立地状況から対象の山林で発生してもおかしくないなど、土砂崩れの可能性が高いと考えられる状況では、仮に土砂災害を防ぐために相当な対策を講じたとしても、主伐を行うこと自体が注意義務に違反する（主伐を控えるべきであった）と評価されることもあると考えられます。

また、山林が河川や渓流の近くであったり、住宅地に隣接しているなど、土砂崩れが発生した場合に被害が拡大するおそれが高い山林にあっては、伐採地域を制限して土砂崩れの緩衝材となるエリアを残存させたり、土砂の流出を防ぐための技術的措置を講じるべきであったと評価されることも考えられます。

伐採の許可や届け出と注意義務違反の関係について

対象の山林が保安林（森林法第25条、第25条の2）や自然公園（自然公園法第5条、第72条）に指定されている場合には、立木の伐採に都道府県知事等の許可が必要になる場合があります（森林法34条、自然公園法第20条3項、第73条2項参照）。また、対象の山林が地域森林計画の対象森林である場合には（森林法第5条）、伐採前に「伐採及び伐採後の造林」について届け出る必要があり、伐採後も「伐採及び伐採後の造林に係る森林の状況」を報告することが義務付けられています（同法第10条の8）。

土砂災害が発生した場合に、これらの許可や届け出を行っているからといって不法行為責任を免れるわけではありませんが、伐採の方法について都道府県知事等の審査を受けたということが、あなたが伐採に際して求められる注意義務を尽くした一事情として考慮されることは十分考えられます。反対に、これらの許可や届け出を怠ると、適切な手続きに則っていれば土砂災害を未然に防ぐことができたと判断された場合に、注意義務違反が認められるおそれがありますので注意が必要です。

不可抗力による災害発生の場合

近年、異常気象が増加しており、集中豪雨による災害発生のニュースをよく目にします。最近ですと、平成30年7月に西日本から東海地方にかけて、土砂崩れや河川の氾濫等によって甚大な被害をもたらした豪雨（気象庁は「平成30年7月豪雨」と命名しています）が記憶に新しいと思います。平成30年7月豪雨のような異常気象に起因する土砂崩れの場合には、主伐時に通常求められる対策を講じたとしても災害発生を未然に防ぐことはできないかもしれません。このように、通常要求される注意や予防措置を講じていても損害発生を防ぐことができない事態を「不可抗力」と言います。

不可抗力によって生じた損害については、主伐時の対応如何にかかわらず、不法行為責任を負いません。そのため、訴訟では、土砂災害が不可抗力によるものか、それとも主伐時に求められる注意義務を怠ったことによるものかという点が重要な争点になると考えられます。

訴訟への対応策について

あなたがどれだけ注意を払っても、土砂災害は不可避的に発生することがあります。その時にあなたの管理のせいで土砂災害が発生したと言われないためには、許可や届け出といった行政上の手続きを怠らないことはもちろんですが、土砂災害を防ぐために、あなたとしてできることを尽くしていたと言えることが重要です。主伐を行う際は、その範囲や方法をあなただけで判断するのではなく、山林の事情に詳しい役場や専門家の判断を仰ぐのがよいでしょう。そのやりとりは後の裁判の資料になるかもしれませんので、メモや音声等で記録として残しておくことが重要です。

また、相談の結果、あなたにおいて何らかの災害防止措置を講じる必要があるということになれば、それに従うべきと考えます。もしそれが経済的に難しいようであれば、主伐を見送ることも含め対応について慎重にご判断ください。

Q 間伐作業現場で想定外の豪雨による土砂災害が起きた場合、どのような責任が問われるのか。またその予防策についてアドバイスをお願いします。

当森林組合では、地域の森林所有者の山林を取りまとめて団地化し、森林経営計画を作成して搬出間伐の事業提案をしてきております。今回、これまであまり手の入っていない手遅れ林分について、森林整備を目的に比較的強度の間伐を提案し、地権者達の了解を取り付け、これから作業道を開設して間伐を進める予定です。ところでこうした作業中に、想定外の豪雨災害に見舞われ、作業道開設地や間伐作業現場で土砂崩れや伐採木の流出などが発生した場合、森林組合としてどのような責任が問われるのか心配です。考えられる予防策を講じたいと思いますのでアドバイスをお願いいたします。

A **災害発生を十分に予測した措置を講じなかった場合には、損害賠償責任を負うことが考えられます。過去の豪雨を参考に、土砂災害発生のおそれを低下させるような間伐計画を立てるなどの措置を講じることが重要です。**

はじめに

間伐の目的としては、間引きをすることで残った林木が根を強く張りめぐらせ、土砂災害の起こりにくい森林へ成長するという点が挙げられます。将来的に土砂災害の起こりうる山林であればこそ、間伐作業を積極的に行い、長い目で見て土砂災害の生じにくい山林へと整備していくことが重要であり、そのような間伐が推進されていくべきです。もっとも、間伐作業にあたってはその作業が土砂崩れによる被害発生の要因とならないよう、十分配慮する必要があります。

どのような責任を負うか

土砂災害や伐採木の流出による被害は、家屋の損壊や人身被害、土砂堆積や伐採木の流入によって土地の使用ができなくなることなどが考えられます。

被害に遭われた方は、原因を作った者に損害の賠償を求めたり、土地利用ができなくなっている場合にはその原因となっている物を除去するよう求めたりすることで被害を回復したいと考えるでしょう。

損害の賠償を求める方法として、民法には、「不法行為」に基づく損害賠償請求権（709条）が定められています。この規定に基づいて請求を行うには、加害者に「故意」又は「過失」が認められる必要があります。そして、発生した事態が「想定外」であることは、「過失」の有無を判断するに当たって関係します。「過失」の有無の判断方法については、前掲のご相談（163頁）で解説しましたので、そちらもご参照ください。

今回のご相談は、「想定外の豪雨による土砂災害」に見舞われた場合の森林組合の法的責任についてですので、以下では、「想定外」の事態が生じた場合の損害賠償責任に焦点を当てて考えてみます。

「想定外」とは何か

東日本大震災後にニュースでよく耳にした「想定外」という言葉ですが、自己に法的・人道的責任がないことを強調するための言葉として使われていた印象が強く残っている方もいらっしゃるかもしれません。

そもそも、「想定」とは、状況・条件などを仮に定めることを意味します。発生するかもしれない事態を仮定して考えてみることを指すわけですが、その際、何を基準に事態を仮定するのかという点に曖昧さがあり、時には話し手に都合のよいように使われてしまうこともあります。

法律上は、その人と同じ立場や社会的役割を担っている人が通常予測すべきと考えられる範囲で事態を「想定」することが要求されています。その範囲を超えてはじめて想定外の事態といえ、その事態に応じた予防措置を講じても結果の発生を防ぎようがなかったと考えられる場合に、不可抗力によるものとして責任が否定されます。

土砂災害の場合を例に想定外の事態をいくつか検討してみましょう。例えば、平成30年9月に発生した北海道胆振中東部地方の大地震では、山林が広範囲にわたって地滑りを起こし、土砂が流出して大きな被害を出しました。最大震度7の地震が発生しており、北海道でこの規模の地震が観測されたのは初めてのことだったようです。政府の地震調査委員会もこの地震の発生を予測しておらず、このように過去に類を見ない規模で、かつ、専門家によっても予想されていない地震の発生は、想定外の事態といえるでしょう。

また、異常気象の影響で集中豪雨が発生し、土砂災害が生じた例として、平成30年7月に西日本を中心に発生した集中豪雨を挙げることができます。河川の氾濫や浸水害、土砂災害が広範囲にわたって発生し、死者が200名を超える甚大な被害が生じました。「平成最悪の水害」と呼ばれ、気象庁により公表されたデータによれば、西日本から東海地方にかけての地域を中心に、多くの地点で48時間、72時間雨量の観測史上最大値を更新しました。このように、観測史上初の雨量を記録する集中豪雨が発生する事態は、通常、想定外の事態と言えるでしょう。

ご相談の事例において、森林組合として、まずは起こりうる豪雨を十分予測する必要があります。どの程度の豪雨まで予測する必要があるか、ということは一義的に決まるものではありませんが、伐採を予定している地域での過去の降水量のデータや、上で取り上げた西日本での豪雨災害など過去の全国の豪雨災害に関するデータなど、入手可能な情報をもとに間伐予定地域で生じうる豪雨災害について検討すべきです。検討にあたっては、山林の地形や土砂災害に詳しい役場や専門家の意見を参考にするというのもよいでしょう。上で述べた西日本豪雨が過去に発生している以上、日本における気候変動の影響で全国的に集中豪雨が発生しやすくなっている状況を考慮すれば、同様の規模の豪雨を想定して対策を行うべきだと考えます。そして、その想定を超えた豪雨が発生し、それによって土砂災害が生じた場合、森林組合が通常採りうる措置をいかに講じても土砂災害が発生したといえるのであれば、不可抗力によるものとして、損害賠償の責任を免れるといえます。

一方、通常採るべき措置を講じていなかった結果、土砂崩れが起きた、または起きやすくなり、被害が発生したといえる場合には、発生した損害の賠償をする責任が生じると考えておいたほうがよいでしょう。

予防措置について

想定外の事態が生じた場合に、森林組合の間伐作業や伐採木の管理が悪いとして責任を追及されることがないように、森林組合としては、土砂災害による被害の発生を防止すべく通常採るべき措置を講じる必要があります。

例えば、①間伐作業の対象地域や作業道を開設する場所を山林のなかでも土砂災害の起こりにくい部分に設定し、②作業道を開設する際の工法も、土砂崩れが生じにくいような構造にするなど工夫し、③間伐を実施する際には、面積当たりの伐採割合を低く設定する、という伐採計画を立てるなど、想定内・想定外いずれの規模の豪雨が生じたとしても土砂崩れや伐採木の流出が生じる可能性を可能な限り低下させる措置を採ることが重要です。傾斜が急な土地や過去数年以内に大きな地震に見舞われ地盤が弱くなっている土地など土砂災害が生じやすい場所に作業道を開設して間伐する場合には、特段の注意を払って伐採計画を立てるなどの検討をされるほうがよいでしょう。

また、伐採木の管理体制を十分に構築することも重要です。例えば、伐木後できるだけ早期に搬出するなどの一般的な対応をするとともに、時季によっては少なくとも天気予報等を通じて台風の接近や集中豪雨のおそれがあるかどうかに注意を払い、危険を感じた場合には、伐採後未回収の伐木を速やかに回収するなどの措置を採るべきだと考えます。

売買契約ほか

Q 認知症と知らずに交わした契約は、有効でしょうか。

先日、ある地域の山の間伐作業などを取りまとめるため、プラン書（見積書）をもって該当する山林所有者のお宅を回り、Kさんという、ご高齢の方とお話しをさせていただきました。内容説明もひと通り終わり、施業のほうも快く了解してもらいましたが、ご高齢ということで、念のため不在村の息子さんの連絡先を聞かせてもらい、息子さんとも話すことができました。

ところが、Kさんと話している間は何も気づかなかったのですが、息子さんによるとKさんは認知症らしく、症状が出るときは随分悪いそうです。そのため息子さんにも同じ書類を送り、納得してもらって、契約の方向に進んでいます。今回は、念を入れてKさんの息子さんにも連絡を取り信用を得る大きな要因となりましたが、もし、Kさんの病気がわからないままに契約した場合、後に息子さんとトラブルに発展したかもしれません。そのようなことを思うとゾッとします。

今後、このようなケースに遭遇することもあると思いますので、何点か教えていただけませんでしょうか。

Q1　認知症の事実をわからないまま契約まで進み、後日、身内の方などからクレームなどがあった場合、この契約はどうなるのでしょうか？

Q2　また、間伐などの作業完了後に、身内の方とトラブルが発生した場合の補償の有無、または度合いはどうなるのでしょうか？

Q3　仮に山林所有者の方が認知症等のご病気で、とりあえず話の代行できる身寄りがいない場合、契約は基本的にできないのでしょうか？

Q4　また認知症等の山林所有者（登記名義人）が契約を拒み、身内の方が契約を了解した場合、この契約は有効でしょうか？

Q5　その他、契約を結ぶ場合の相手方の状況について、年齢・病気など法律的な解釈があれば教えてもらえないでしょうか？

A

Q1　無効になることがあります。

Q2　判断能力を全く失っているほどの重度の認知症で契約が無効となる場合には、契約で得た利益を返還することになりますが、それは補償ではありません。

Q3　後日無効を主張されることを避けたいならば、契約を締結しないということになります。

Q4　身内の方が成年後見人である場合のほかは、有効無効をいう前に、契約を締結することと自体できません。

Q5　法律は、年齢・病気の程度によって、一律に正常な判断能力があるか否かを決めていません。

はじめに

自己の行為の結果を判断することができる能力がなかったり、その能力が不十分な人を保護するために、民法は、成年後見、保佐、補助（以前は禁治産、準禁治産などと言っていました）という制度を設けています。この制度によって保護を受けようとする場合には、家庭裁判所で審判を受け、登記をしなければなりません。家庭裁判所で審判を受けているかどうかは後見登記を見ればわかりますので、必要に応じて登記を確認すればよいのです。

しかし、そのような審判・登記という手続きを経ている場合はそれほど多くはなく、判断能力が怪しいと思われる場合にも、そのまま他の人と変わらない社会生活を送っている人は少なくありません。本件もまさにそのような場合であって、息子さんは認知症であるとわかっているのに、家庭裁判所の手続きを取らないままにしているというわけです。

したがって、以下は、家庭裁判所の手続きを取らないままに普通の社会生活を送っている認知症の方が相手方、という前提でご説明をいたします。

認知症とわからないまま締結した契約の効力は？

ご高齢でも大変お元気で、判断能力も若者以上という方は、決して珍しくはありません。ですから、これから契約をしようという時に、いちいち「あなたは認知症ですか？」などと聞いていたら、うまくいくはずの契約も締結できなくなってしまうでしょう。

しかし、なかには認知症の方も混じっているのが現実です。しかも、最近では若年性認知症も知られるようになりましたから、年齢だけで判断することはできません。

また、認知症の程度もいろいろで、物忘れがひどくなる健忘症から正常な判断能力を全く失ってしまう思考障害まで、様々です。ですから「認知症とひとくくりにすること」はできないのです。

ご質問に答えるには、場合を分けて考えてみなければなりません。

①判断能力を全く失ってしまっている場合

契約が有効になるのは、契約者が自分自身の意思に基づいて義務を負担した場合です。したがって、認知症の程度が進んで自分の行為の結果を判断することができない状態になっている場合には、契約は無効となります。契約の無効は、利害関係を有する者は、いつでも主張できますから、後日身内の方が契約は無効だと言ってくることは十分考えられます。しかし、争いになった場合に、裁判所に無効を認めてもらうためには、無効を主張する側で「契約者が、契約締結時点で、判断能力を失っていたこと」を証明しなければなりません。

②判断能力を全く失ってはいないが、低下している場合

判断能力に相当程度の低下を来しているが、契約締結当時、全く失っているというまでには至っていない場合には、契約は無効にはなりません。相手方が詐欺をしたり、強迫したりしたような場合は、その理由で取り消すことができますが、そのようなことがなければ、取り消しもできないということになります。

このような状態の方々は、低下した判断能力で不利益な契約を結んでしまうことも考えられるので、冒頭に申し上げた成年後見、保佐、補助という制度を設けて保護しているわけです。

ご相談の件では、Kさんは間伐の説明を理解し、施業についても承諾なさっただけでなく、息子さんの連絡先もきちんと伝えることができたというのですから、契約を締結したときに判断能力を全く失っていたということはないのではないかという印象を受けます。

間伐作業完了後に身内の方とトラブルが発生した場合の補償は？

もし、身内の方が、Kさんが全く判断能力を失っている状態で契約を締結したということを証明し、裁判所が契約は無効であるという判決を下した場合には、契約によって得た利益を互いに返還しなければなりません。ですから、あなたの側だけが一方的に「補償をする」ということにはなりませんが、得られた利益はKさん側に返還することになります。

全く判断能力を失っているわけではない場合には、詐欺などがなければ契約は有効ですから、利益を返還したり、補償をする必要はありません。

山林所有者に話の代行ができる身寄りがいない場合は？

山の間伐というのは立木の処分を伴いますから、財産の処分ということになります。財産を処分することができるのは、財産の所有者に限られることはおわかりですね。したがって、間伐に関する契約を締結しようとすれば、山林所有者の方と話を進める以外に方法はありません。山林所有者に身寄りがいない場合には、その方と話を進めるほかはありません。後日無効といわれることを避けようと思えば、契約締結を控えることになるでしょう。

ただし、ご回答の前提を、山林所有者の方が既に成年後見などの制度を利用している場合となれば、成年後見人と交渉して契約を締結することができますし、保佐人に被保佐人の行為を補助してもらうこともできるでしょう。

山林所有者が契約を拒んでいるが、身内の方が了解している場合には?

たとえ身内の方が契約の締結を了解したとしても、契約の相手方はあくまで所有者たる本人ですから、本人が契約締結を拒んでいる以上、契約を締結することはできません。身内の方には、山林所有者との間に入って説得してもらう以外に方法はありません。

契約の相手方の年齢・病気などについて、法律的な解釈があるか？

契約が無効となったり、取り消されるかもしれないと思うと安心できませんから、年齢や病気の種類によって判断能力の有無が一律に決められるとよいとお考えになるのは、もっともです。しかし、正常な判断能力があるかどうかは、年齢や病気によって直ちに決まるものではなく、最終的には裁判所が諸々の事情を総合的に勘案して判断することです。実際にご高齢であっても、しっかりした方がいらっしゃるのは、よく経験することではないでしょうか。

ところで、成年後見や補佐の審判を受けた場合には登記されることになっていますので、最近では、不動産などの取り引きを行う場合には、契約にあたって「登記されていないことの証明書」を提出するよう求めることが多くなっているようです。そこで、どうしても安全に契約を締結したいとお考えの場合には、相手方には抵抗があるかも知れませんが、その証明書をもらいたいと求めることもお考えになってよいのかも知れません。

Q 相続した山林を不動産ネットオークションで売却したいのですが、法律上、どんな点に注意したらよいでしょうか。

昨年、実家に独りで住んでいた母が亡くなり、東京に住む息子の私が実家近くの山林を相続しました。しかし、実家のある山村に戻って林業を継ぐ気もなく、固定資産税もかかることから、不動産オークションで山林を売却したいと考えています。オークションで落札が決まった場合に、山林の引き渡しに際してどのようなことに注意すべきでしょうか？ トラブルを起こさないための注意事項についてアドバイスをお願いいたします。

A **代金の支払いと引き換えに山林を引き渡すようにしてください。また、オークションに出す前に、山林の範囲は明確になっているか、権利に制限はないか等を確認してください。**

はじめに

インターネットの普及に伴い、インターネットオークションが大々的に行われるようになってきたこともあって、オークションは誰でも参加できる身近なものになってきています。不動産についても、インターネットオークション大手のヤフーオークションで不動産のオークションが行われていることなどから、取引件数は徐々に増えているものと思われます。

しかし、その一方で、落札後に引き渡された物が出品者の説明と違っていた、代金を払い込んだのに落札した物が引き渡されないといったトラブルも増加しているのが現状です。特に、オークションの対象が不動産のように高額なものであれば、トラブルになった際により深刻な問題に発展することは避けられませんので、出品する側にも入札する側にも十分注意を払うことが求められます。

それではどのようなことに注意する必要があるかということですが、オークションによる取り引きには、出品された物の価格が競りで決まるという点に特徴があるものの、結局のところは、出品者と落札者の間で出品された物の売買が行われるに過ぎません。そこで、オークションに限らず、一般的に売買を行う際に気をつけるべきことがわかっていれば、オークションによる取り引きについてもトラブルを避けやすいと言えるでしょう。

引渡し時の注意点

今回のご相談は、相続した山林をオークションで売却する際の注意点についてですが、特に引き渡しについて気にしていらっしゃるようですので、まず、引き渡し時の注意事項について簡単にご説明します。

売買契約が成立すると、当然ながら、売主は売った物を買主に引き渡す義務を負い、買主は売主に代金を支払う義務を負います。

引き渡しと代金支払いのどちらを先に行うかについて、特に契約で決められていなければ、売主も買主も、引き渡しと代金支払いを同時に行うように求める権利があります（同時履行の抗弁権〔民法533条〕）。そこで、売主はこれを最大限に活かして、代金支払いよりも先に目的物を引き渡してしまうことのないように注意する必要があります。

不動産売買の場合には、引き渡しの一環として、売主が買主に対し、登記名義の移転手続きに必要な書類を渡すことになりますが、これは、売主と買主が同席している場で、契約書の調印作業や買主による代金振込手続きと一緒に行われることが通常です。あなたがオークションによって山林を売却する場合にも、落札者が決まった後で、このような場が設けられることになるでしょう。その際に、何らかの事情で買主が代金振込手続きをとれなかったり、買主が振込手続きをとったとしても、あなたの側で着金確認がとれなかったときは、登記書類を買主に渡してしまわぬように注意してください。

また、契約書に署名押印する前に、代金支払いよりも先に土地を引き渡す条件になっていないかどうか、引き渡し後の固定資産税は、買主が負担する旨の精算条項が入っているかどうかを念のため確認するようにしてください。

山林の範囲が明確になっているか

売買が問題なく行われるには、まず第一に、何を売り買いするのかについて、売主と買主の認識が一致している必要があり、そのためには、売買の対象物が何であるかが明確になっていなければなりません。そんなことは当たり前だと思われるかもしれませんが、これが意外に難しいのが山林なのです。

土地の売買において、売買対象となる土地が明確になっているというためには、どこからどこまでがその土地であるかがはっきりしている必要があります。市街地であれば、土地の大きさはある程度限られている上に、隣地との境界線上に塀が設けられていたり、境界標が打ち込まれていたりして、隣地との境界が客観的にわかる場合が比較的多いと言えます。

これに対して、山林の場合には、市街地の土地とは比べものにならないほど面積が大きい場合が多い上に、尾根や沢などの地形が境界線となっている場合を除いて、隣地との境界を示す目印になるようなものはないのが通常です。

そこで、山林を売却する際には、どこからどこまでが自分の山林であるかを予め十分に確認しておくことが必要になります。特にご相談の事例のように、長年郷里を離れていた後で山林を相続したような場合には、相続人にはどこが隣地との境界なのかわからないということが多いと思われますので、まずは登記所に備え置かれている公図の閲覧、地元の森林組合に対する問い合わせ、隣地所有者との現地立会確認などによって、境界をはっきりさせておきましょう。

その上で、売買契約の締結に先立って、買主に対し、どこが境界であるかを現地で説明して、確認をとることが重要です。これを怠ると、後々、買主から、もっと広い山林を買ったつもりだったなどとクレームが出て、売買代金の減額や、場合によっては売買契約そのものの無効を主張されることにもなりかねませんので、注意が必要です。これは、オークションによる山林の売却の際も同様です。オークションによる不動産売買の場合には、オークション運営会社が出品者と落札者の間に入って契約手続きを進めるのが通常のようですので、売主と買主の間での直接の連絡が不十分になりがちですので、注意してください。

なお、隣地所有者や買主との立会確認の際には、後日のために現場での状況を写真で記録しておくことをお勧めします。

売ろうとしている山林に「瑕疵」がないか

売買代金を受け取って、目的物を引き渡してしまえばあとは何も心配はないかというと、必ずしもそうではありません。後になって、引き渡された物に何らかの欠陥（法律上は「瑕疵」と言います）があることがわかった場合には、買主から契約を解除して代金を返還するよう求められたり、損害賠償を請求されることがあります。

山林の売買について、このようなトラブルが発生するケースとしては、引き渡しの後で、地上権や地役権など、第三者がその山林を利用する権利が設定されていることがわかった場合や、保安林指定など、何らかの開発規制の対象となっていることが判明した場合が考えられます。これらの場合には、買主にしてみれば、自分が自由に使えると思って山林を買ったのに、実はそうではなかったということになりますから、こうした買主を保護するために、契約を解除したり、損害賠償を求めることができるとされています。

気をつけなければいけないのは、売主がこれらの「瑕疵」を知っていながら隠していた場合だけでなく、売主も「瑕疵」の存在を知らなかったという場合でも、買主の契約解除や損害賠償請求が認められるということです。ご相談の事例では、お母様から相続した山林を、誰がどのように利用していたかということは、あなたにとっても必ずしも明らかでないと考えられます。そこで、オークションによるか否かにかかわらず、山林を売却しようとする前に、森林組合に問い合わせるなどして、立木を所有するための地上権が設定されていないか、何らかの開発規制の対象になっていないかといった点を十分に確認する必要があります。

まとめ

以上のとおり、山林を売却するにあたっての注意点を簡単にご説明しましたが、現実には、これらを含めた不動産売買契約上の注意点について、１人で漏れなくカバーすることは難しいかもしれません。オークションによる不動産売買の場合には、オークション運営会社のアドバイスを受けながら手続きを進めていくことになるでしょう。その点で、運営会社の信頼性が非常に重要になってきますので、実績のある会社を利用なさることをお勧めします。

Q　林業事業体が林地売買を行う際に、法律的に押さえておくべき注意事項について教えてください。

私は農業を営む傍ら、個人で素材生産業を営んでおり、地域の山林所有者から立木を買って伐採し、原木市場に販売するという仕事を長年してきました。そのため地域の山林所有者には顔なじみの方も多いのですが、最近とみに、「後継者がいないので土地ごと買って欲しい」と依頼されることが多くなりました。私も高齢になったので、仕事を減らして行かざるを得ませんし、ましてこれから森林を所有して造林をしていくことなどできません。そこで、懇意の山林所有者から林地売買の依頼があれば、林業経営に関心があって信頼できそうな関係者に転売することを前提に、依頼に応じてあげたいと考えています。

私のような一人親方的な林業事業体経営者が林地売買を手掛ける際、法律的にはどのようなことに留意すべきなのか教えていただければ幸いです。

A

一連の取り引きの流れの中には様々な留意点がありますので、以下の解説文をよく読んでください。

Q 山林の転売を手がけるためには、役所への登録や何か資格が必要でしょうか。

A いいえ、必要ありません。ただし、現状が山林でも転売後に宅地として利用されることを知って転売する場合には、宅地建物取引業法により、宅地建物取引業の登録や宅地建物取引主任者の資格が必要になりますので、ご注意ください。

Q 農地は、農業委員会の許可がなければ売買できませんが、林地の売買も何か許可がいるのですか。

A 農地の売買については農地法が規制をしているのですが、林地の売買を規制する法律はありませんので、許可は不要です。

Q 私は、これまで土地を買わずに立木だけを購入してきました。林地を転売するには、土地と立木の売買をそれぞれ個別に行わなければいけないのですか。もし、私のように立木のみを購入している人が先にいた場合に土地を売買したときには、立木の権利関係はどのようになるのですか。

A 土地を売買すれば、その土地上の立木の所有権も一緒に移転します（民法242条）。土地とは別に、立木を独立した取り引きの対象にすることももちろん可能ですが、この場合は、立木に所有者名を墨書したり、現地に所有者名を記した立札を設置するなどの「明認方法」を施しておかないと、その後に林地を購入した人が土地の所有権移転登記をしたときは、立木は土地の購入者の所有になってしまいます。土地の登記と立木の「明認方法」の先後関係によって、立木の所有権の帰属が決まってしまうのです。

そこで、実際に土地を買おうとするときには、事前に現地に出向き、立木に他人の「明認方法」が施されていないか、よく確認しましょう。また、あまり利用されていませんが、立木の権利関係を明らかにする立木登記というのもありますので、必要に応じてこちらも確認したほうがよいでしょう。法務省の統計を調査したところ、平成24年の立木登記の総件数は140件でした。

Q　他人の明認方法や立木登記がなければ、林地を転売して所有権移転登記をすれば立木も転売したことになるのですね。

A　そのとおりです。

Q　しばしば林地の登記というのは実態に合っていないと聞くのですが。

A　確かに林地の登記は、先々代の名義のままであったり、登記簿上の面積と実際の面積が合っていないということがよくあります。また、法務局にある公図は、現地の境界を正確に示すものになっていません。

Q　名義が実態に合っていなくても登記はできるのですか。

A　登記名義人が死亡している場合などには、実際上は所有権移転登記をすることは極めて難しいでしょう。いずれにしても、所有権移転の経緯を正しく登記に反映させる必要がありますので、まずは売主が登記簿上の最終の名義人になるようきちんとしてもらってから取り引きを行ってください。

Q　面積が不正確なままでも、登記はできますか。

A　登記簿上の面積が不正確でも所有権移転登記はできますが、登記後に新所有者が必要に応じて面積の更正をすることになります。

Q　境界がわからないままでは、近隣と紛争になってしまわないか心配です。

A　山林での土地の境界争いは少なからず生じており、この法律相談室にも何度か質問が寄せられています。売買の時に公図と登記簿から境界を接する土地の所有者を確認して、話し合いの機会を設けて境界を確定することが最善です。転売用に買い受ける前に、売主に対して、隣接地との境界を明らかにしておいてほしいと交渉するのがよいでしょう。そうしないと、買い受けた新所有者が、隣地所有者と対応しなければならなくなってしまいます。

　なお、境界に争いがあって話し合いがつかない場合の解決については、法務局による筆界特定の手続きや裁判所での「境界確定訴訟」といった方法があります。拙著・林業改良普及双書№１９０『『現代林業』法律相談室』〈全国林業改良普及協会〉〈境界問題〉の項でも詳しく紹介していますのでご参照ください。

Q　土地の登記簿と公図を確認したら、里道、いわゆる赤線が土地を横切っていることがわかりました。どうすればよいですか。

A　里道は「法定外公共物」と呼ばれ、既に道としての機能を失っていれば、各地方財務局で払い下げを受ける手続きをとることができます。もし、現に道として機能しているならば、市町村の管理下にありますので、市町村に払い下げを受けられるかどうか尋ねるなど、相談を持ちかけてください。

Q　取り引きの流れはよくわかりました。次に、山林の転売には税金がかかりますか。

A　土地を購入した時に不動産取得税がかかり、登記に際して登録免許税も納めることになります。また、転売による利益には所得税がかかります。

Q　登記以外に、売買後に必要な公的な手続きがありますか。

A　平成23年4月の森林法改正により、平成24年4月1日以降に林地の所有者となった人は、90日以内に、そのことを市町村に届け出ることが義務づけられました。また、面積が一定規模以上の土地取引の場合には、契約締結から2週間以内に、国土利用計画法に基づき市町村を経由して県知事に届出が必要です。どちらかを必ず行わなければなりませんので、事前に、窓口となる市町村に相談するとよいでしょう。

山林の売買では、どこからどこまでが対象の山林なのかを確認することが大事（写真はイメージです）

Q　転売をした後にも、林地の買主には、林業経営を継続してほしいと考えています。買主に林業経営を継続してもらうための法的な方法はありますか。

A　買主は林業経営を継続しなければならないと売買契約書に明記したらどうでしょうか。ただ、その場合にも買主の約束違反に対しては損害賠償請求をするしか方法がないと思います。また、買主が林地を手放すときには、その譲受人に林業経営を継続させなければならないという条項を入れておくことも考えられますが、契約の定めは当事者間でのみ有効ですので、万全ではないことをご承知ください。

Q　その他、何か注意することはありますか。

A

保安林に指定されている場合には、思うように伐採ができないことがあります。転売後のトラブルを避けるため、施業の支障になるようなことがあるならば、買主に対して書面で説明しておくとよいと思います。

その他の制度、手続き等

Q 鳥獣害への対策として「くくりワナ」を設置したいのですが、違法にはなりませんか。

私はUターンで実家に戻り、高齢になった親に代わって家業の農林業を継いでいます。ところが近年、イノシシなどによる被害が目に余るようになり、我慢の限界に達しています。そこで、所有山林や農地に出没する動物（イノシシ、シカ、サル、アライグマ等）を自分で捕獲するために、安価で手っ取り早そうな「くくりワナ」に取り組んでみたいと考えています。違法とならないためにも、法律上注意すべきポイントを教えていただければ幸いです。

A 鳥獣保護法の定めに従わなければなりません。また、必ず管轄の地方公共団体の窓口にご相談ください。

野生鳥獣の捕獲に関する規制

野生鳥獣の捕獲は、人の生命・身体に危険を及ぼすおそれがあるとともに、野生鳥獣の乱獲に繋がることもあります。そこで、「鳥獣の保護及び狩猟の適正化に関する法律」（以下「鳥獣保護法」と略称します）は、鳥獣保護の事業の実施、農林水産業などの被害の防止及び猟具の使用にかかわる危険の予防などについて定めています。鳥獣保護法は、原則として野生鳥獣の捕獲を禁止し、例外的に捕獲を許すという考え方を採っています。

許可捕獲と狩猟による捕獲

例外的に許す野生鳥獣の捕獲について、鳥獣保護法は「許可捕獲」と「狩猟による捕獲」の区分を設けています。

まず「許可捕獲」ですが、これは、有害鳥獣捕獲と特定計画に基づく個体数調整の二方法に分かれますが、いずれにしても個別具体的に、環境大臣または都道府県知事の許可を受けて野生鳥獣を捕獲することを言います。これに対して、「狩猟による捕獲」は、国が当該鳥獣の生息状況などを考慮した結果、野生鳥獣のうち捕獲をしてもよいと決めた鳥獣を、法で定められた方法で捕獲することを言います。ご相談者は、狩猟免許をお持ちでないようですし、鳥獣捕獲の目的が農業被害の防止にあるということですので、本件は、許可捕獲のうち有害鳥獣捕獲ということになると思われます。以下、その前提で解説をいたします。

許可捕獲として「くくりワナ」を設置する場合

①有害鳥獣捕獲ができる者

有害鳥獣捕獲は誰でもできるというものではなく、都道府県知事などから許可を受けた者に限ってできることになります。この許可を受けるには申請の必要がありますが、申請そのものは誰でもできます。しかし、環境省が定める「鳥獣の保護及び管理を図るための事業を実施するための基本的な指針」によると、許可は、原則として、狩猟免許を所持する者に対してされることとなっていますので、免許を所持していない者が申請しても許可されない可能性があります。

②申請の方法

申請書に、申請者の氏名や捕獲をしようとする鳥獣、捕獲の目的・期間・区域・方法などを記載して許可権者に提出することになります。記載の仕方、提出先などは具体的な場合に応じて変わりますので、管轄の地方公共団体の窓口で相談するのがよいでしょう。

③**対象鳥獣**

捕獲の対象とする鳥獣は、農業の被害防止の目的に沿うものであれば、特段の制限はありません。

④**期間**

捕獲する期間についても、特段の制限はありません。

⑤**方法**

捕獲方法を特定しなければなりません。ご相談者は、「くくりワナ」を使いたいということですので、くくりワナについて考えてみます。くくりワナは、ワナ猟の一種ですが、有害鳥獣捕獲について方法の制限は基本的にありませんので、くくりワナの使用も認められるでしょう。

しかし、イノシシなどの大型獣をつり上げて捕獲する構造を有する「つり上げ式のくくりワナ」など人の生命または身体に重大な危害を及ぼすおそれのあるものは、認められません。詳細は、やはり管轄の地方公共団体の窓口で相談するのがよいでしょう。

⑥**ワナの設置場所**

ワナの設置場所によっては、人の生命・身体に危険が及ぶことがあります。したがって、例えば、学校や通学路の周辺、自然観察の目的で通行する者が多いと認められる場所などでは、

くくりワナを設置して鳥獣を捕獲した場合には、鳥獣保護法違反で懲役や罰金に処されることもあるので注意が必要だ。今問題となっているニホンジカやイノシシが想定されている

ワナの設置が認められないことがあります。必ず管轄の地方公共団体の窓口に問い合わせてください。

違法なくくりワナの設置について

先に述べたように、本件は、許可捕獲のうち有害鳥獣捕獲にあたると考えられます。そして、その許可は、原則として、狩猟免許を所持する者に対してされることとなっていますので、ご相談者が狩猟免許を所持していない場合には、申請しても許可されない可能性があります。

また、許可された場合にも、その許可条件を守って鳥獣の捕獲をしなければなりません。鳥獣保護法に違反してくくりワナを設置して鳥獣を捕獲した場合には、違反の態様や結果などによって様々ですが、1年以下の懲役または100万円以下の罰金に処されることもありますので、十分ご注意ください。また、鳥獣保護法を守ったとしても、万一事故が発生した場合には、民事上及び刑事上の責任を問われる可能性があります。拙著・林業改良普及双書№190『現代林業』法律相談室』（全国林業改良普及協会）〈損害賠償と損失補償〉の項もご参照ください。

Q 森林法で「都道府県知事及び市町村長は、森林所有者等に関する情報を利用できる」と定められていますが、どこまで許されるのでしょうか。

私は市職員で去年から林務係（1名のみ）に配属となりました。なにぶん門外漢ではありますが、山林の境界確定を進める上で、森林所有者を特定し、連絡を取りたいと考えています。ところが、わが市は、個人情報の取り扱いに大変慎重なだけでなく、林業への関心も低いので、当初の目的以外の目的に個人情報を利用させてもらえるような雰囲気ではなくて大変悩んでいます。

一方で、森林法191条の2第1項には「都道府県知事及び市町村の長は、この法律の施行に必要な限度で、その保有する森林所有者等の氏名その他の森林所有者等に関する情報を、その保有に当たって特定された利用の目的以外の目的のために内部で利用することができる」との定めがあります。

そこで、この法律の規定について質問させていただきます。まず、①この「森林所有者等に関する情報」というのは、県の「森林簿」情報に含まれる「森林の地番」「森林所有者の住所」及び「森林所有者の氏名」のほか、他の係で管理する「地籍調査」「固定資産課税台帳」「土地売買届出情報」が該当すると考えてよいでしょうか。さらにこのほかにも利用できる情報があるのでしょうか。また、②「内部で利用することができる」の「内部で利用」とは、何を指すのでしょうか。そして最後に本題となりますが、③上記を踏まえ、市役所の他の係の担当者（林業に無関心）にどのような説明をして理解を図ればよいものでしょうか。アドバイスを頂ければ幸いです。

A　以下に述べるところを参考にしてください。

はじめに―森林法191条の2について

(1)今回のご相談内容は、平成23年4月の森林法改正（平成24年4月1日施行）により導入された、森林所有者等に関する情報の利用を定めている森林法191条の2に関するものです。そこで、ご回答に先立ち、この規定が導入された経緯について簡単にご説明します。

(2)平成23年4月の改正以前から、森林施業の円滑な実施のため、森林所有者の情報を集約化する取り組みが進められていました。しかし、多くの地方自治体では、個人情報保護条例によって、保有する個人情報の目的外利用が原則として禁止されています。また、個人情報保護条例では、例外的に目的外利用ができる場合の1つとして、法令等にその旨の定めがある場合を挙げていることが通常ですが、改正前の段階では、森林法にそのような定めはありませんでした。そのため、個人情報保護条例の存在により、林務担当者が、自治体に他の事務目的で保有されている森林所有者の情報を、森林施業のために利用することが困難でした。

このような状況を踏まえて平成23年4月の改正で新たに導入されたのが森林法191条の2で、第1項は、地方自治体の長が、森林法の施行に必要な限度で、森林所有者等に関する情報を、その自治体の内部で利用できると定めています。また、第2項は、地方自治体の長が、森林法の施行のため必要があるときは、関係する地方公共団体の長その他の者に対し、森林所有者等の把握に関して必要な情報の提供を求めることができると定めています。

なお「森林所有者等」とは、「森林所有者その他権原に基づき森林の立木竹の使用または収益をする者」を言います（森林法10条の7）。

この規定が導入されたことにより、森林施業のために他の事務目的で保有されている森林所有者の情報を利用することは、個人情報保護条例上、例外的に目的外利用が許される場合に該当することとなりました。
(3)以上のことを前提に、以下、ご相談事項について回答しますが、便宜上、ご相談②から回答します。

「内部で利用」の意味―ご相談②について

先ほど説明しましたとおり、森林法191条の2第1項は、地方自治体の長が、その自治体が他の事務目的で保有する情報であっても、森林法の施行に必要な限度で利用できる旨定めた規定です（利用主体が自治体の長となっていますが、林務担当者が長に代わって利用することも可能です）。したがいまして、ここでいう「内部」とは、同一の自治体内部を意味しますので、あなたは、あなたの市の他の係が保有する森林所有者等の情報を利用することが可能です。

これに対して、県と市は同一の自治体ではありません。したがいまして、県が保有する「森林簿」に記載されている森林所有者の情報を利用するには、森林法191条の2第2項によって提供を求める必要があります。

「森林所有者等に関する情報」―ご相談①について

(1)「森林所有者等に関する情報」に含まれるものとしては、森林の所在地、地番、森林所有者の住所、氏名、電話番号、Eメールアドレスといったものが挙げられます。他の係が保有する情報の中にそれらの情報があれば、その担当者から提供してもらい、利用することが可能です。

これに対し、「地籍調査（の結果）」「固定資産課税台帳」「土地売買届出情報」に含まれる情報は、そのすべてが「森林所有者等の情報」に該当するわけではありません。これらのうちの、森林所有者の住所、氏名といったものは「森林所有者等の情報」ですが、それ以外は森林所有者等の情報に該当しませんのでご注意ください。

(2)なお、固定資産課税台帳につきましては、地方税法22条の守秘義務との関係で注意が必要です。地方税法22条は、税務担当者がその担当事務に関して知り得た秘密を漏らした場合の罰則を定めており、ここにいう「秘密」とは、一般に知られていない事実であって、本人が他人に知られないことについて客観的に相当の利益を有すると認められるものをいうとされています。そのため、税務担当者が調査権を行使して得た、登記簿上の記載と異なる森林所有者の情報は、一般に知られていない事実であって同条の「秘密」に当たりますので、林務担当者は、税務担当者にそれを提供してもらうことが原則としてできません。

もっとも、平成23年4月の森林法改正では、森林所有者情報の集約化の一環として、改正法施行後（平成24年4月1日後）に新たに森林の土地の所有者となった者に対し、住所、氏名、所有者となった年月日等を市町村長に届け出ることが義務付けられました（10条の7の2）。その結果、平成24年4月1日以降、これら届出情報は「本人が他人に知られないことについて客観的に相当の利益を有すると認められるもの」には当たらないものと位置付けられ、地方税法22条の守秘義務が課される情報ではなくなりました。

したがいまして、税務担当者が調査して得た、固定資産課税台帳に記載されている、登記簿上の記載と異なる森林所有者の情報は、平成24年4月1日以降新たに取得した森林に関するものについては利用可能です。

市役所の他の担当者への説明方法―ご相談③について

それでは最後に、他の係の担当者に対し、どのような説明を行い、森林所有者等の情報提供について理解を図るのがよいのかを考えてみます。

ご相談内容からしますと、他の係の担当者が情報提供に非協力的である理由として、個人情報の取り扱い（個人情報の目的外利用）に慎重ということがあるように思われます。

この点が最大のネックになっていると思われますが、あなた以外の市職員の方々は、冒頭に述べた森林法191条の2の規定が新設され、市が保有する個人情報の目的外利用が可能となったことを知らないのではないかと推測されます。また、もし市の個人情報保護条例が森林法の定めの変更に伴って改正されていない場合には、個人情報保護を主管する部署の職員すら十分森林法改正の趣旨を理解していない虞《おそれ》があります。

そこで、まず、個人情報保護を主管する部署に森林法の規定をよく説明し、十分な理解を得てから、他の個人情報を保有している係の担当者に説明し、理解を得るようにされるのがよいと存じます。他の係の職員に説明する際には、個人情報保護を主管する部署の職員にも立ち会ってもらうのがよいのではないかと思います。説明に先立って、念のため市の個人情報保護条例の現状をご確認ください。

また、他の係から強制的に森林所有者の情報を得ることまではできません。そこで、説明の際には、その情報が必要な理由を丁寧に説明し、林業に関心を持ってもらった上で快く情報を提供してもらえるように、あなたの熱意が伝わるよう努力することが何よりも重要であると思います。

Q 森林組合が10年間の長期施業委託契約を締結していた森林所有者が、期間満了前に亡くなった場合、その契約は有効に存続するのでしょうか。

私は、森林施業プランナーとして森林経営計画策定を担当しています。森林所有者の高齢化が進んでいるため、せっかく施業委託契約を取り交わしても、その期間が短期であると、森林所有者が亡くなったときには相続人である子供や孫から施業同意書を集めなければなりません。相続人が多数に及ぶこともまれではなく、中には都会に住んでいる場合もあります。これでは施業が進まないので、森林所有者と10年程度の長期施業委託契約を取り交わし、安定した施業を確保していきたいと考えております。そこで質問なのですが、仮に10年間の長期施業委託契約を森林所有者と締結した場合、その方が契約期間内に亡くなってしまった場合でも、その契約は有効に存続しますか、それとも相続を機にその効力が失われてしまうものなのでしょうか。

A **森林所有者が亡くなった後も施業委託契約を存続させるとの合意があれば、原則的には存続すると考えます。ただし、例外もあるので本文を読んでください。**

はじめに

契約には、契約当事者が死亡した時に当然に終了するものもあれば、契約当事者が死亡した後も相続人のために引き続き効力を有するものもあります。どちらのケースに当たるかは、その契約の種類や内容、契約当事者間での取り決めの有無などによって異なります。

施業委託契約とはどのような契約か

一般に、植林や間伐、伐採などの森林を管理する行為を総じて森林施業と言います。森林の施業委託契約とは、森林を管理する上で必要な行為を契約の相手方に委託する契約です。契約の相手方にものごとの処理を委託する例としては、商品の買い付け（売買契約）を委託したり、理容師に散髪を依頼するケースなどが挙げられます。このように、契約の相手方にものごとの処理を委託する契約は、委任契約（民法643条から656条まで）と呼ばれます。

委任契約の終了事由について

民法の規定上、「委任契約」は、「委任者又は受任者の死亡」によって終了すると定められています（民法653条1号、同656条）。

委任契約が契約当事者の死亡によって終了すると定められているのは、委任が当事者間の信任関係に基づいているので、契約当事者の死亡後に、信任関係がない者との間で委任関係の継続を強いるべきではないとの考えによるものです。

委任者が死亡した場合には、必ず委任契約が終了してしまうのか

しかし、民法の規定にかかわらず、特約によって、委任者または受任者の死亡による委任契約の終了を排除することは可能であると考えられています。

判例も、委任者の死亡によりその委任関係を終了させない旨の特約があったと認めたものや（大判昭和5年5月15日法律新聞3127号13頁）、自己の死後の事務を含めた内容の委任契約には、委任者の死亡によっても委任契約を終了させない旨の合意が包含されていると認めたもの

など（最判平成4年9月22日金融法務事情1358号55頁）、委任者の死後も委任契約が有効に存続すると判断したものがあります。

したがって、委託内容の性質上契約当事者の死亡後に相続人との間で委任契約を継続させるのが明らかに妥当でないなどの理由がなければ、契約当事者間の合意によって、契約当事者の死亡後も委任契約を継続させることが可能であると考えられます。

森林所有者の死亡後も施業委託契約を存続させることは相当か

森林施業を効率的に実施するためには、一体としてまとまった範囲の森林を長期にわたって計画的に施業することが重要であると言われています。そのため、森林所有者の死後も引き続き施業を継続する必要がある場合は当然想定されます。

そして、森林所有者が亡くなった場合に、常に相続人から施業の同意を取り付けなければならないとなると、あなたが懸念されるように、施業の継続が困難な事態が生じ得ます。継続的に施業されてきた森林が放置されることは、相続人にとっても望ましくないはずです。

そのため、森林所有者の死後も施業委託を存続させることには十分な合理性があり、そのような合意の有効性を否定すべき理由はないと考えます。

施業委託契約は、期間満了まで当然に存続すると考えてよいか

契約当事者間で、契約当事者の死後も委任契約を存続させることを合意したとしても、期間満了まであまりに長い期間がある場合には、契約に定められた期間ずっと死亡した先代が合意した契約に拘束されるとするのが相当かどうかについては争いがあります。契約当事者の死後は、その相続人との間で委任契約が存続することになりますので、委託内容や相続人との関係によっては、委任契約を長期にわたって継続させることが妥当でない場合があるからです。

そこで、各施業委託契約が締結された当時の個々の事情や、相続が生じた後の事情を総合的に勘案し、森林所有者の死後も施業委託契約を存続させることが相当でない場合には、期間満了を待たずに契約を解除できると考えるべきであるという見解が唱えられています。

以上をまとめると、原則的には、契約当事者の死後も契約を存続させるという合意に従うことになるが、個々の事例に則した検討の結果、そうすることが相当でない場合には、例外的に解除される可能性を否定できない、ということです。

Q 一人親方として伐採業を営んできましたが、この度、息子とその友人が私のところで働くことになりました。雇用主としての義務について教えてください。

私は、これまで1人で伐採業を営んできましたが、この度、有り難いことに息子とその友人が私の下で働くことになりました。一人親方から初めて雇用者の立場になるわけですが、私は、会社勤めの経験もありませんので、雇用主にはどのような義務があるのかよくわかりません。知り合いの同業者からは、雇用契約の締結や労働安全の確保といった様々な義務があると聞きました。一人親方から雇用主になると、どのような義務が発生するのか、教えていただければ幸いです。

A **雇用契約の締結、労働安全衛生、労働保険、毎月の賃金の支払のこと、その他雇用主が守るべきことは、たくさんあります。詳しくは、解説をお読みください。**

雇用契約の締結

Q 私の子どもとその友人が働き始める前にしなければならないことはありますか。

A 労働者を雇用することになるのですから、2人との間で雇用契約を締結する必要があります。雇用契約書については、厚生労働省のウェブサイトに、林業労働者用の「労働条件通知書」のひな形が掲載されています。これが雇用契約書です。空欄に書き込みをすれば、簡単に労働基準法の要求を満たす書面を完成できますので、ぜひ利用してみてください。

雇用契約書には以下の5つの事項を記載し、雇用主から労働者に交付しなければならないこととされていますので、ご注意ください(労働基準法15条)。

①雇用契約の期間に関すること。期間を限定する場合には、契約更新の有無などの決まりごと

②仕事をする場所や仕事の内容

③始業と終業の時刻、残業の有無、休憩時間、休日や休暇のこと

④賃金の決定方法、支払方法
⑤退職及び解雇について

Q わかりました。「労働条件通知書」のひな形を入手して、必要事項を書き込んで完成させるようにします。さらに、私は、彼らの服装や仕事を覚えるための訓練のことについてもルール化しておきたいと考えています。そのようなことも雇用契約の内容に加えてよいのですか。

A もちろん差し支えありません。先ほどの5つ以外のことは、必ずしも書面にしなくてもよいのですが、口頭で伝えるだけでなく、できる限り書面で確認するほうがよいでしょう。「労働条件通知書」のひな形に「その他」の欄がありますから、その欄に書き込むとよいでしょう。

Q 例えば、雇用契約書に、土日祝日を休日にすると定めたとします。この場合に労働者が平日に無断で休んだり遅刻をしたら、契約違反だと思います。契約違反に対して、罰則を定めることはできますか。規律は重要ですので、遅刻1回当たり1000円の罰金と定めることは可能ですか。

A 労働者が雇用契約に違反した場合に違約金を支払わせることや、その額を予め決めておくことは禁止されています（労働基準法16条）。なお、雇用主が労働者に懲戒を与えることは可能ですが、その場合には確たる根拠規定が必要です。もちろん労働条件通知書に懲戒に関する決まりごとを書いておいてもよいのですが、細かいルールについては就業規則を適用すると書いておいて、就業規則を作成し、その中に懲戒についてのルールを書くのでも差し支えありません。

Q 就業規則と聞くと、会社勤めの人に適用される決まりごとというイメージがあります。私も、就業規則を用意しなければいけませんか。もし、就業規則を作成するとしたら、どうやって作成したらよいですか。

A 常時10人以上の労働者を雇用するのであれば、就業規則を作成して、労働基準監督署に提出しなければいけません（労働基準法89条）。あなたは労働者2名を雇用するということですから、就業規則を必ず用意しなければならないということはありません。就業規則を作成することにする場合には、厚生労働省が「モデル就業規則」を公表していますので、これを参考にして、必要そうな決まりごとを選び出して、あなたの事業所用に整えればよいでしょう。ご自身で作成するのは難しいと思われたら、労働関係のプロである社会保険労務士に相談してもよいと思います。

労働安全衛生と労働保険

Q 雇用契約のことについてはわかりました。これから2人との雇用契約の手続きを進めたいと思います。次に、実際に働いてもらうときのことについて教えてください。林業は、危険を伴う仕事なのですが、2人が仕事中にケガをしないように私が配慮する義務があるのですか。

A もちろん、雇用主は、労働者の安全に配慮しなければいけません（労働契約法5条）。あなたが「安全管理の責任者」という立場になりますので、これまでの経験を基に、ケガをしやすい作業については、事前に、安全確保の方法を具体的に伝えるようにしてください。また、安全確保のための器具は、必ず使用させるようにしてください。特に、車両系木材伐出機械や集材装置の使用については、厚生労働省が定めている「労働安全規則」に、細かいルールや労働者に特別教育を実施しなければならないことが定められていますので、注意が必要です。紙幅の関係で内容を紹介することはできませんので、最寄りの労働基準監督署に詳細を尋ねてみてください。

また、2人に健康診断を受けさせることも必要です。

Q 万が一、2人が仕事中にケガをしてしまったときは、どうすればよいのですか。

A　仕事中に労働者がケガをしてしまった場合は、「労働災害」に当たります。労働災害については、雇用主が療養費を負担し、さらに、そのケガのため労働者が働けないときは、休業補償を行わなければいけません（労働基準法75条、76条）。また、労働災害による休業があれば、管轄の労働基準監督署への報告が必要になります（労働安全規則96条）。

Q　事故が起きないように注意することが第一だと思いますが、労働災害が起きてしまった場合に備えて、保険に入っておいたほうがよいでしょうか。

A　労働者を1人でも使用している事業所は、労働者災害補償保険の適用事業所とされます（労働者災害補償法3条）。そして、適用事業所に当たる場合には、労働基準監督署または公共職業安定所での手続きが必要になります。労災保険の保険料は、全額、雇用主の負担になります。労災保険は、労働者を雇うと当然に加入していることになり、雇用主において所定の手続きをとらなければならなくなるという特殊な仕組みになっていますので、手続きを忘れないようにしてください。

Q　そういえば、私の知人が失業したときに、失業保険金を受け取っていました。私のところでも、2人のためにこのような保険に加入する必要がありますか。

A　雇用保険の失業給費のことですね。雇用保険についても、労働者を1人でも使用していれば法律上、当然に、雇用保険に加入することになるのが原則ですが（雇用保険法6条）、常時雇用する労働者が5人未満で林業を営む事業所については、例外として、雇用保険に加入しないでもよいこととされています（雇用保険法附則2条1号）。したがって、あなたの場合は、必ず手続きをとらなければいけないわけではなく、加入するかどうか自由に決めてよいことになります。

賃金、年次有給休暇、福利厚生

Q 実際に2人が働き始めた後の賃金の支払についてはルールがありますか。

A はい。必ず毎月1回以上、一定の日に、支払わなければいけません（労働基準法24条）。また、支給に際して、労働者が納めるべき所得税を差し引いておいて、後日、雇用者が労働者に代わって税務署にその所得税を納めるという源泉徴収義務があります（所得税法183条）。

2人の雇用を開始したときから1カ月以内に、所轄税務署に「給与支払事務所等の開設届出書」を提出することも必要です。開設届出書については、国税庁のウェブサイトにひな形が用意されていますから、空欄に必要事項を書き込んで完成させてください。

税務関係については、ご自身で対応されることが大変なようでしたら、税理士にご相談なさってください。

Q よく、会社勤めの人が有給休暇を取得したと言って休んでいる様子を見かけますが、私のところでも2人に有給休暇を与えたほうがよいでしょうか。

A 雇用開始の日から6カ月間継続勤務し、全労働日の8割以上出勤した労働者には、10日間の有給休暇を与えなければいけません（労働基準法39条）。あなたの下で働く2人が、いずれ、有給休暇を取得できるようになったときには、2人にきちんと休暇を与えなければいけません。

Q 家賃補助や食費補助の支給や、レクリエーションの実施などの福利厚生は、雇用主が義務として実施すべきものですか。

A いいえ、雇用契約書や就業規則に定めがなければ、雇用主の義務にはなりません。労働者のやる気を引き出すにはどうしたらよいかという観点から、柔軟に対応してください。

最後に

Q 最後に、全体を通じてのアドバイスがあれば教えてください。

A 雇用主としての様々な義務があることは確かですが、官庁への届出書類その他作成が必要な書類については、厚生労働省や都道府県労働局のウェブサイトに掲載されているひな形を活用できます。また、労働関係については社会保険労務士、税務関係については税理士という専門家もいます。専門家に相談して助言を受けるようにすれば、負担は大きく減ると思います。世間では農林水産業の後継者不足が心配されているのに、お子さんと、さらにその友達が一緒に働いてくれるなんて、きっと多くの方に羨ましがられることでしょう。雇用主としての義務を果たしつつ、ぜひよい後継者を育ててください。

紛争予防と解決法

Q 共同施業団地内の倒木の処理を団地構成員の後継者に拒否され、その対応に苦慮しています。

昭和57年に森林所有者8名で共同施業団地（約10ha）を作り、構成員の受益面積に応じて集めた負担金で幅2mの林内作業車道を開設して森林施業を行ってきました。明文化してはいないものの、①作業車道に山崩れなど災害があった場合は団地構成員全員で除去すること、②台風などによる倒木が作業車の通行の妨げになった場合は、所有者本人または団地構成員で取り除き、常に通行可能の状態にすること、の2つを申し合わせ、30年以上にわたり維持管理してきました。

ところが、最近になって団地入口付近の山林で倒木（胸高直径20cmの雑木1本、胸高直径12cmのスギ3本）が発生し、林内作業車道が塞がれました。そこで、団地構成員A氏の妻と娘（A

氏は10年前に死去、妻と娘が相続した模様）のところに関係者が数回にわたって除去をお願いに行きましたが、頑なに拒否され、今では話し合いさえ拒否されるようになりました。

倒木が施業団地の入口付近に放置されたままなので、森林の施業は麻痺状態です。そこで、団地構成員連名の内容証明郵便で、①A氏は施業団地の代表者であったこと、②設立以来30年にわたって林内作業車道を維持管理し、使用してきたこと、③倒木については団地構成員が伐採し、商品価値のあるものは市場に出荷して売り上げ金をそのままA氏の妻に手渡すことを通知し、その後、倒木を除去する、ということを考えています。このことの是非についてご指導願います。

A

承諾なしに倒木を除去すると法的責任を問われるおそれがあるので、森林施業に与える影響に応じた適切な法的手続を採るのがよいと考えます。

はじめに

倒木が除去されないために団地内の森林施業が麻痺しているということで、団地構成員の方々はさぞお困りのことと思います。あなた方は、A氏の妻と娘に通知した上で、自らその倒木を除去しようと考えているということですが、その倒木はあなた方が所有するものではなく、A氏から相続を受けたであろうA氏の妻と娘の所有林から生じたものです。妻と娘は、倒木の除去を頑なに拒否し、最近では話し合いにすら応じないというのですから、彼女らの承諾なしに倒木を除去すれば、民事上や刑事上の責任を問うという行動に出るおそれがないとは言えない状況でしょう。

そもそも、本当に妻と娘がA氏の山林を相続したのかどうか不明ですが、以下では、そうであることを前提に、あなた方に彼女らに対して倒木を除去するよう請求できる法的権利があるのか、ある場合にはどのような手続きが妥当であるかを検討してみたいと思います。

団地構成員による取り決めを根拠に、倒木を除去することができるか?

(1) 共同施業団地とは、各個人が所有する森林を集約化した森林体のことをいい、それら個々の森林所有者が団地構成員となります。団地を構成する目的の1つに、団地全体のために構成員の出資によって林内作業車道を開設し、森林の通行を相互に認めることによって全体の森林施業の効率化を図ることが挙げられます。

(2) 団地構成員の集まりは、共同事業を営む目的で出資した事業者の集まりといえるので、民法上の組合に該当するものと考えられます（民法667条1項）。組合員が組合のために出資した財産を組合財産と言いますが（同法668条）、ご相談のケースでは、出資金により開設された林内作業車道の使用権がそれに含まれると考えられます。組合財産の取扱方法は、組合内で特段の取り決めがあればそれに従い、取り決めがなければ民法の規定に従うことになります。この取り決めは必ずしも明文である必要はありません。あなた方団地構成員の間では、①作業車道に山崩れなどがあった場合は団地構成員全員でこれを除去すること、②台風などによる倒木が作業車の通行の妨げになった場合は、所有者本人または団地構成員で取り除き、常に通行可能の状態にすることという取り決め（以下「本件取り決め」と言います）があり、それに基づいて森林の維持、管理を行ってきたということですので、今回の倒木の処理についても、本件取り決めに基づいて対応できるか否かが問題となります。

(3)ところで、民法では、組合員の死亡は組合の脱退事由とされています（679条）。したがって、A氏の妻や娘とあなた方全員とが、彼女らが構成員に加わることを合意しているのでなければ、彼女らは組合員でないことになり、本件取り決めに拘束されないことになります。ご相談の内容からはそのような合意がなされたとは到底思えませんから、本件取り決めはA氏の妻と娘に対しては法的拘束力がなく、本件取り決めによって、彼女らに倒木を除去させる、あるいはあなた方が除去することを彼女らに承諾させることは難しいと考えます。

通行地役権に基づいて倒木を除去できるか？

通行地役権とは、他人の土地を自己の土地の便益のために通行することができる権利です（民法280条）。あなた方が林内作業車道について通行地役権を有していれば、通行地役権に基づく妨害排除請求として、倒木を除去するよう作業車道の所有者に請求することができます。

A氏を含む団地構成員は、作業車道を相互に利用するために各人の所有する森林内を通過する林内作業車道を設置したのですから、あなた方は、A氏の森林内にある作業車道を含めた林内作業車道全体について通行地役権を有していると考えられます。そして、A氏から森林を相続によって承継した妻と娘は、組合員たる地位は承継していないものの、あなた方に林内作業車道を通行させる地位は承継していると考えられますので、あなた方は通行地役権に基づいてその倒木を除去するよう彼女らに請求できると考えます。

どのような手続きで倒木を除去すればよいか？

現在、倒木によって森林の施業が麻痺しているようですが、法的手続きに拠っては自らの権利を保護、回復できないほどの緊急な必要性が認められる場合でない限り、法的手続きに拠らずに自らの手で救済する行為は、違法な行為と判断されるおそれがあります。そこで、まずは組合または個人として、A氏の妻と娘に対して倒木を除去するよう求める訴訟を提起し、勝訴判決を得た上でその判決を執行する方法を採ることを検討すべきと考えます。

しかし、訴訟には時間を要しますから、そんなことをしていたのでは森林施業を継続していくことが困難になってしまうのであれば、訴訟を提起する前であっても、民事保全法に基づく「倒木除去の断行の仮処分」の申し立てをすればよいでしょう。

いずれの法的手続きを採るにしても、相当な精神的・経済的負担がかかります。したがって、まずはお考えのような内容証明郵便を送り（ただし、案の③の部分は、○○のようにしたいがいかがかという問いかけの形にする）、A氏の妻と娘の出方を見るというのは1つの方法です。どのような方法を採るかについては、一度お近くの弁護士にご相談なさることをお勧めします。

Q 隣家が所有するスギ・ヒノキ林により、陽が当たらなくなり困っています。

私の家は東向きに建っています。当家の西側とその南にかけては、隣家が所有するスギ、ヒノキの人工林があり、樹高は15m近くになっています。この隣家の山林は、50年以前は採草地でしたが、昭和40年代の拡大造林化に伴い、スギ、ヒノキが植林され、間伐等の手入れもされています。採草地時や植林当時は、当家の日当たりはよく、布団などを干すこともできたのですが、ここ数十年は特にスギの成長がよく、秋から冬、そして春までの期間の午後からは陽が当たりません。また、今後も成長し、一層日当たりが悪くなりそうです。

なお、私の母親によると、「隣家の先代とは、青木は植えないとの約束はしたが証文はない」とのことです。仮に「日陰になるから伐採してください」とか「私のほうで人工林を購入して伐採したい」と話した場合には、「いや、そのようなことは」と難色を示されるだけでなく、その後隣家との付き合いが気まずくなるのではないかと思うと、なかなか言い出せません。

隣家とうまく付き合っていくために法的な手段は何かないものでしょうか。

A

隣家とうまく付き合っていくための法的手段はありません。まずは、隣家の方に実情を伝え、相談を持ちかけるのがよいと考えます。

法的手段を使うということ

隣家との問題を解決するための法的手段としては、①調停、②仲裁、③民事訴訟が考えられます。ところで、ご質問は「隣家とうまく付き合っていくための法的手段は何か」というものです。しかし、通常の近所付きあいにおいては話し合いでものごとを解決するというのが普通であり、話し合いでは解決できないときに採られるのが法的な手段です。当事者間の話し合いによる解決の努力がなされていない段階で法的手段を利用しますと、本来は円満に解決したかもしれない問題が、かえってこじれてしまう可能性があります。わが国では、いまでも「訴訟沙汰」という言葉が厳然と残っています。普通の方にとっては法的手段というのは縁遠いものであり、日常の生活において裁判所に呼び出されるようなことはほとんどないでしょう。そのため、自分が法的手続きの相手方になってしまった場合には、大変驚くとともに、精神的にとても負担に感じ、法的手段を用いた者に対する態度が硬化してしまう傾向が強く残っているのが実情です。

このようなことを考えると、残念ですが「隣家とうまく付き合っていくための法的手段はない」とお答えせざるを得ません。このことは、あなたご自身が、「日陰になるから伐採してください」などと話を持ちかけるだけでも、その後隣家との付き合いが気まずくなるのではないかと思うとご心配になっておられるところを見れば、これ以上のご説明は必要ないでしょう。
しかし、それでは何のご回答にもなりませんから、そのようなことは十分ご承知という前提で、どのような法的手段があり、それらの間にはどのような違いがあるのかをご説明しましょう。

各法的手段について

(1) 調停

調停は、裁判官と一般市民から選ばれた調停委員2名が加わって組織される「調停委員会」が当事者双方の言い分を聞いて、当事者の合意による解決を図る制度です。裁判官も関与しますが、あくまで当事者間の話し合いによる解決を目指すので、法律にとらわれない柔軟な解決が可能になります。また、裁判に比べて費用が安く、一般的には解決に至るまでの期間が短いということも特徴として挙げられます。

裁判では最終的には判決という形で結論が出されますが、調停は裁判所における話し合いですから、どちらかが調停案の受諾を拒めば調停は不成立ということになります。

(2) 仲裁

隣家とうまく付き合っていく法的手段はない（写真はイメージです）

仲裁は、調停と同様に当事者の合意による解決を図る制度ですが、裁判所が関与しない点が調停と異なります。現在、全国各地の弁護士会が「紛争解決センター（ADR）」（これと似た別の名称であることもあります。ウェブサイトでもご覧になれます。「境界問題」の項17頁も参照）を運営し、紛争の処理に当たっているので、そのセンターを利用することが可能です。

(3) 民事訴訟

民事訴訟は、裁判所が、紛争当事者双方の言い分を聞き、提出された証拠を基に、法律に照らして判決を下して紛争解決を図る制度です。テレビのニュースや新聞などで「民事裁判」という表現で出てくるものですので、イメージが湧きやすいのではないかと思います。

民事訴訟は、当事者間での話し合いによる解決が難しい場合に利用するのがほとんどですので、判決になると裁判所によって一刀両断的な判断が示されます。この点で、調停や仲裁と大きく異なります。ただし、民事訴訟においても、裁判官が間に入った和解（当事者間の合意）が行われることは少なくありません。

どのように隣家に対応するのがよいか

今回問題となっているスギ・ヒノキ林は、隣家の方が所有するものです。底地をどのように使用するかは、原則として隣家の方の自由であって、それが正当な権利行使の範疇を越えているといえない限り、使用が禁止されることはありません。正当な権利行使の範疇を超えているかどうかは、様々な事情を考慮して判断されますが、ご相談の内容だけでは具体的な状況が今ひとつ不明です。したがって、この点についての判断はできません。

ところで、隣家の方は、単に自分の山林を使用しているだけという認識であると思われます。あなたは、隣家の方との今後の関係を考えるからこそ法的手段による解決を、とお考えのようですが、もしあなたが法的手段を用いた場合には、隣家の方は「私に何の相談も持ちかけないで、いきなり法的手段に訴えるとは何事か」と腹を立ててしまう可能性が大です。これではせっかくの良好な関係を崩してしまうことになりかねません。そこで、まずは、隣家の方に、夏以外は午後から陽が当たらず困っているという状況をお伝えし、何とかならないでしょうかという相談を持ちかけることから始めるのがよいのではないでしょうか。

もし、話し合いがうまくいかない場合に、改めて、先ほどご説明した法的手段についてお考えになるのがよいと考えます。

Q 木材・木材製品に産地や合法性を示すマークを表示して販売する場合、その表示内容を裏付ける合理的な根拠を欠く場合には、不当表示となるのでしょうか。

林野庁の「木材・木材製品の合法性、持続可能性の証明のためのガイドライン」には、証明方法の1つとして業界団体認定方式があり、立木の伐採から原木、製材品へとそれぞれの段階で分別管理し、各業界が納入ごとに証明を連鎖させるという1つのシステムを形成することにより、証明を行うこととしています。

ところで、立木の伐採から原木市場、製材所、製品市場、製材品の納入までの過程には、それぞれの段階でそれぞれの役割を担った事業者が関わることになります。この連鎖の中において、ガイドラインに示されたとおりには産地や合法性を証明する書類がきちんと整わなかったり、その表示内容を裏付ける根拠が欠けるようなケースがあった場合について伺います。

このように、木材製品の産地や合法性を示すマークを適正に表示するガイドラインから外れた形で、木材・木材製品に産地や合法性を示すマークを事業者が表示して販売した場合、景品表示法が規制している不当表示（優良誤認）となるのでしょうか。また、この場合の責任は誰にあるのでしょうか。

A　景品表示法によって禁止される「不当な表示」に当たるとして、流通・加工に携わる各事業者が責任を問われるおそれがあります。

景品表示法による「不当な表示」の禁止

景品表示法は、一般消費者が商品を買うかどうか、お金を払ってサービスを受けるかどうかを決める際に合理的な選択ができるようにすることで、一般消費者の利益を保護することを目的としています。そのために、景品表示法では、景品類の提供に一定の制限が加えられるとともに、「不当な表示」が禁止されています。

「不当な表示」が禁止されるのは、嘘や誇大な売り文句によって一般消費者の合理的な判断が妨げられないようにするためです。この「不当な表示」には、大きく分けて、①商品・サービスの品質、規格、内容に関するもの（優良誤認表示、景品表示法4条1項1号）と、②価格などの取引条件に関するもの（有利誤認表示、同法4条1項2号）があります。

事業者が「不当な表示」を行った場合には、消費者庁から、表示の差し止めや再発防止策の実施を命じる措置命令（景品表示法6条）を受けるおそれがあります。措置命令は公表されますので、そのようなことになれば、事業者にとって信用に関わる大問題になります。

また、これとは別に、「不当な表示」の内容を信じて取り引きした一般消費者からも、欺されたとして代金の返還や損害賠償を請求される可能性があります。

ご質問の事例が「不当な表示」に当たるか

ご質問にある林野庁のガイドラインには、木材が合法的に伐採されたものであること、持続可能な経営が営まれている森林から産出されたものであることを証明する方法が定められています。その方法の一つとして、伐採された木材が流通し、加工・販売される際に、その一連の過程に携わる原木市場、製材所、加工業者などの各事業者が、それぞれ産地や合法性を示す証明書を作成して次の事業者に引き渡すこととし、その「証明の連鎖」によって産地や合法性を証明する方法が採用されています。

ご質問の事例は、本来は、流通・加工の各段階で作成される証明書が整っていて初めて産地や合法性を示すマークが表示されるべきところ、証明書が欠けているのにマークが表示されてしまうということです。これについては、木材・木材製品の品質や規格に関わるものとして、優良誤認表示に当たるか否かが問題になります。

景品表示法4条1項1号により、優良誤認表示とは次のようなものをいいます。

「商品又は役務の品質、規格その他の内容について、一般消費者に対し、実際のものよりも著しく優良であると示し、又は事実に相違して当該事業者と同種若しくは類似の商品若しくは役務を供給している他の事業者に係るものよりも著しく優良であると示す表示であって、不当に顧客を誘引し、一般消費者による自主的かつ合理的な選択を阻害するおそれがあると認められるもの」

このうち、まず問題となるのは、マークの表示が「著しく優良」であることを示すものかどうかという点でしょう。この点、木曾檜や吉野杉のように産地にブランド力がある場合には、マークの表示は明らかに「著しく優良」であることを示すと言えます。また、そこまでの知名度はなかったとしても、国産材であることや地元産であることが取り引き上、価値を持つケースは十分あり得ますので、「著しく優良」であることの表示に当たる可能性は常にあると考えておくべきでしょう。

そして、「証明の連鎖」を欠いていて産地・合法性が証明されているとは言えないにもかかわらず、それを証明するマークが表示されることは、「実際のものよりも著しく優良であると示し、または事実に相違して…著しく優良であると示す表示」に当たると言わざるを得ません。また、このようなマークの表示は、消費者に誤った認識を与えるものであり、「不当に顧客を誘引し、一般消費者による自主的かつ合理的な選択を阻害するおそれがある」表示に当たると考えられます。したがって、ご質問の事例は、優良誤認表示に当たるとして排除命令を受けるおそれがあります。

誰が責任を問われるか

優良誤認表示として禁止されるのは、一般消費者に対する表示です。したがって、ご質問の事例では、まず、一般消費者に木材・木材製品を販売している業者が景品表示法違反に問われることになります。

信頼こそは需要拡大への道

一方、例えば木材の加工業者が販売店に製品を卸す場合には、一般消費者が相手ではないので優良誤認表示の問題にはならないとも思えます。しかし、事業者向けの表示でも、それが最終的に一般消費者の目に触れて誤認を招く場合には景品表示法違反になるとされており、現に、畜産業者が小売業者に鶏肉を卸した際の産地偽装表示が優良誤認表示に当たるとして排除命令が出された事例もあります。

したがって、ご質問の事例でも、「証明の連鎖」が途切れた後で産地・合法性を示すマークを表示した業者はいずれも責任を問われる可能性があると言えます。また、仮に景品表示法の規制対象とはならなくても、独占禁止法上の「不公正な取引方法」に当たるとして規制を受けることもあり得ますので、注意が必要です。

あとがき

林業改良普及双書として『『現代林業』法律相談室』が刊行されたのは、2019年3月のことでした。そのまえがきに、「林業に従事しておられる方々が直面するお悩みには、そのお立場上自ずから共通するものがあるように思われる。月刊『現代林業』に掲載した法律相談を1冊にまとめてみれば、月刊誌のこれまでの読者の方であろうとなかろうと、目の前に現れた問題の解決策を考えるときに何かのお役に立つのではないか」との思いを書きました。

その双書が発刊されてから早1年が経とうとしておりますが、当初願ったとおりに皆様のお役に立っておりますでしょうか。その効用もわからないうちに2冊目の双書を発刊するなど、無謀と言えば無謀な試みなのではないかと思っております。

しかし、両双書の目次を通覧すると、何年かの間にずいぶん様々なご相談に応じてきたんだなという何とも言えない思いに囚われます。人が経験することがらは、時代が変わってもそう変わるものではありません。これだけ多くのご相談があったのだから、読者の抱える新たな問題もそのうちの1つに近いのではなかろうかという気がいたします。どうぞ何かの折に、本書を書棚から取り出して、是非ご活用いただきたいと心から願っております。

編集部の方々が、相談内容の選択や配列に気を配り、校正に細かい神経をお遣いくださったおかげで両双書は日の目を見ました。編集部の方々のお骨折りを多としていることを記して御礼とさせていただきます。

2020年1月

北尾哲郎

北尾哲郎　きたお・てつろう

■ ■ ■

弁護士。1945年、満州大連市生まれ。

68年、東京大学法学部を卒業後、78年、弁護士登録。83年、北尾哲郎法律事務所開設。97年、岡村綜合法律事務所パートナー。現在､各種会社取締役･監査役。この間、第一東京弁護士会副会長、日弁連民事訴訟法改正問題研究委員会副委員長、第一東京弁護士会財務委員会委員長などを歴任する。

主な取り扱い事件としては、日航羽田沖事件、御巣鷹山事件、オクト破産管財事件、第一勧業銀行利益供与事件・同代表訴訟事件、山一証券利益供与事件、山一証券商法および証券取引法違反事件・同代表訴訟事件などがある。

2006年9月号より月刊『現代林業』誌上で、「法律相談室」の執筆を行っている。

www.okamura-law.jp

林業改良普及双書　No.193

続『現代林業』法律相談室

2020年2月25日　初版発行

著　者 —— 北尾哲郎
発行者 —— 中山　聡
発行所 —— 全国林業改良普及協会
〒107-0052 東京都港区赤坂 1-9-13 三会堂ビル
電話　03-3583-8461
FAX　03-3583-8465
注文FAX　03-3584-9126
Webサイト　http://www.ringyou.or.jp/
装　幀 —— 野沢清子
印刷・製本 — 株式会社シナノ

ISBN978-4-88138-382-7

一般社団法人　全国林業改良普及協会（全林協）は、会員である都道府県の林業改良普及協会（一部山林協会等含む）と連携・協力して、出版をはじめとした森林・林業に関する情報発信および普及に取り組んでいます。

全林協の月刊「林業新知識」、月刊「現代林業」、単行本は、下記で紹介している協会からも購入いただけます。

www.ringyou.or.jp/about/organization.html
<都道府県の林業改良普及協会（一部山林協会等含む）一覧>